Geländegängige Schlepper

von

Reg.Baurat Dr.Ing. R. Franke
Berlin

Sonderabdruck aus dem
Automobiltechnischen Handbuch
14. Auflage

Technischer Verlag M. Krayn · Berlin W 35

Geländegängige Schlepper.

Reg.-Baurat Dr. Ing. R. Franke, Berlin.

Vorbemerkung.

In diesem Abschnitt werden vorwiegend Ackerschlepper für die Landwirtschaft behandelt und Wehrmachtsschlepper kurz gestreift.

1. Bedeutung der Maschinen für die Landwirtschaft.

Die Kraftmaschine fand in die Landwirtschaft zunächst Eingang als Dampfpflug, der dem Hackfruchtbau durch die bessere Bodenbearbeitung einen großen Auftrieb gab. Die für Zuckerrüben und Kartoffeln notwendige Tiefkultur und Saatpflege wirkte sich wegen der Fruchtfolge allgemein ertragsteigernd aus.

Während früher ein Teil des Ackers brach liegen blieb, weil die notwendigen Arbeits- und Zugkräfte fehlten, und der Acker durch die Brache von selbst neue Kräfte sammeln mußte, darf heute Ackerland nicht mehr brach liegen. Den Dampfpflügen als den ersten motorischen Bodenbearbeitungsgeräten folgten später Motorpflüge und schließlich Ackerschlepper. Die Erträge je Flächeneinheit lassen sich durch Mehranbau von Hackfrucht und durch bessere Ackerbestellung und Pflanzenpflege weiter steigern. Diese Steigerung, die für die Ernährung Deutschlands aus eigener Scholle sehr wichtig ist, hat zur Voraussetzung, daß der Landwirt den im Lauf des Jahres stark schwankenden Arbeitsbedarf durch vermehrten Maschineneinsatz wirtschaftlich decken kann. Die Arbeitsspitzen sind umso höher, je intensiver ein landwirtschaftlicher Betrieb wirtschaftet.

In Bild 1 ist der Arbeitsbedarf eines norddeutschen Gutes in Pferdearbeitsstunden je Monat angegeben[1]). Die Angabe stammt aus dem Jahre 1935 und ist insofern heute überholt, als man damals Schlepper nur zur Übernahme der Arbeitsspitzen einsetzte, heute dagegen möglichst einen Teil der Pferde abschafft und durch weitere Schlepper ersetzt. Der vermehrte Einsatz von Schleppern hat privatwirtschaftlich den Vorteil, daß Personal und damit Kosten eingespart werden, volkswirtschaftlich gesehen, wird durch die Abschaffung eines Pferdes eine Ernährungsfläche frei, von der in Deutschland 2—3 Menschen ernährt werden können.

Die Bedeutung der Landwirtschaft als Großabnehmer und Großverbraucher von Maschinen und damit auch die Bedeutung der Landmaschinenindustrie wird in Ingenieurkreisen häufig unterschätzt.

Z. B. die deutsche Landwirtschaft befördert jährlich etwa 1,5 mal soviel Tonnen Lasten als die deutsche Reichsbahn, deren Förderwege allerdings wesentlich länger sind.

1933 liefen etwa 21 500 Schlepper in der deutschen Landwirtschaft, während allein im Jahre 1938 25—30000 Ackerschlepper in Deutschland neu erzeugt wurden.

Die deutsche Landwirtschaft ist noch außerordentlich aufnahmefähig für Landmaschinen, besonders für Schlepper. Der Einsatz vielseitig verwendbarer luftbereifter Kleinschlepper in Bauernwirtschaften beginnt erst seit etwa zwei Jahren. Verstärkte Verwendung von Schleppern bedeutet:

1. Ersparung menschlicher Arbeitskräfte, tierischer Zugkräfte und Freiwerden von Futteranbaufläche, Verbesserung der Arbeitsbedingungen in der Landwirtschaft.

2. Beseitigung der landwirtschaftlichen Arbeitsbedarfspitzen durch Maschinen, die einen Teil der an die Jahreszeit gebundenen Landarbeit auf Industriearbeit umlagern.

3. Verbesserung der Landarbeitsgüte, Verringerung der Arbeitsunkosten und Verluste, Hebung der Bodenkultur, Steigerung der Ernteerträge je Flächeneinheit.

---

[1]) H. Meyer, Z. VDI Bd. 79, 1935, Nr. 21.

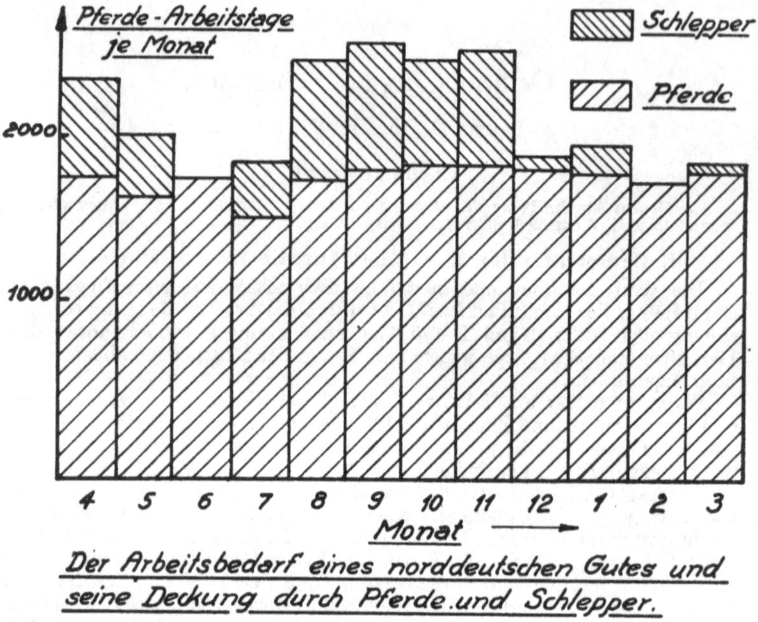

Bild 1. Der Arbeitsbedarf eines norddeutschen Gutes und seine Deckung durch Pferde und Schlepper[1])

4. Vermehrten Hackfruchtanbau, intensivere Wirtschaft, Vergrößerung und Beschleunigung des Kapitalumsatzes, Steigerung der Ernte- und Kapitalerträge je Flächeneinheit, Sicherstellung der Ernährungsgrundlage unseres Volkes (Vierjahresplan).

Da auch in anderen Ländern Bedarf an landwirtschaftlichen Schleppern besteht, sind große Ausfuhrmöglichkeiten gegeben, die noch nicht genügend erschlossen sind (Osteuropa, Afrika, Spanien).

2. Wirtschaftlichkeit und Einsatz von Schleppern.

Der Nutzen landwirtschaftlicher Maschinenarbeit ist nicht nur, wie sonst üblich, durch einfache Wirtschaftlichkeitsrechnung zu erfassen, er entsteht erst durch richtige Ausnutzung aller Betriebsmittel eines landwirtschaftlichen Betriebes. Häufig ist die zahlenmäßig schlecht zu erfassende Wirtschaftlichkeit nicht oder nur mittelbar entscheidend. Z. B.:

Einsatz von Schleppern und maschinellen Hilfsmitteln ermöglicht, die Zuckerrübenernte trotz Frostgefahr länger hinauszuschieben. Durch Verschieben der Ernte kann der Ernteertrag unter Umständen bis um 25 % gesteigert werden.

Während Dampfpflüge und Motortragpflüge nur zum Pflügen, Kettenschlepper und Greiferradschlepper nur zu Arbeiten auf dem Acker oder als ortsfeste Kraftquellen verwendet werden können, ist der vielseitige luftbereifte Ackerschlepper auch für Straßentransportarbeiten geeignet.

Die Wirtschaftlichkeit eines Schleppers kann, wie üblich, durch die Ermittlung der festen Kosten (Anschaffungskapital und dessen Verzinsung) und der Betriebskosten (Betriebsstoffverbrauch, Fahrerlohn, Abschreibung und Instandsetzung) festgestellt werden.

In dieser Weise lassen sich bei der Vielheit der vorkommenden Arbeiten nur die Kosten bestimmter Arbeiten erfassen, die dann auf die gesamte Arbeitsfläche oder Arbeitszeit umgerechnet werden. Im Abschnitt: „Wirt-

[1]) H. Meyer, Z. VDI Bd. 79, 1935, Nr. 21.

schaftlichkeit und Kostenberechnung des Kraftfahrbetriebes" sind für verschiedene Kraftfahrzeuge die Kilometerkosten in Abhängigkeit von den jährlich gefahrenen Kilometern aufgetragen. Da die festen Kosten und die Betriebskosten die Kosten der Schlepperarbeit je Flächeneinheit in gleicher Weise beeinflussen, fallen diese nach ähnlichen Kurven mit der gesamten Ackerfläche oder mit den jährlichen Arbeitsstunden. Genaue Zahlen lassen sich hierüber nicht angeben. Die festen Kosten des Schleppers allein fordern eine Mindestackerfläche bzw. eine Mindestarbeitszeit im Jahre, die praktisch nicht unter 1000 Stunden sinken sollte. Je größer und stärker ein Schlepper ist, umso größer muß seine jährliche Arbeitsfläche sein. Mit zunehmender Schleppergröße sinken aber die Betriebskosten je Flächeneinheit wegen des gleichbleibenden Fahrerlohnes, sodaß ein vollausgenutzter großer Schlepper je Flächeneinheit billiger arbeitet als ein kleiner Schlepper.

Da der Kettenschlepper besonders auf mittleren Böden die Motorleistung in nutzbare Zughakenleistung mit geringsten Verlusten umsetzt, wie wir noch sehen werden, arbeitet er trotz hohen Kettenverschleißes in vielen Fällen billiger als ein Radschlepper. Größere landwirtschaftliche Betriebe halten sich Kettenschlepper oder Greiferradschlepper nur für Ackerarbeiten. Greiferradschlepper sind in der Anschaffung billiger als Luftreifenschlepper, aber im allgemeinen nicht für Transportarbeiten auf der Straße zu verwenden. Der Luftreifenschlepper ist so vielseitig verwendbar, daß die für seinen wirtschaftlichen Einsatz erforderliche Mindestackerfläche kleiner als bei den andern Schleppern ist. Er bringt für den Betrieb den Vorteil, von der Straße sofort auf den Acker übergehen zu können. Mit der Einführung der Schlepperluftreifen wurde der bäuerliche Kleinschlepper, der sich zum Teil aus dem Motorgrasmäher entwickelt hat, überhaupt erst ermöglicht. Der landwirtschaftliche Kleinschlepper ist mit einem Anbaumähbalken zum Grasmähen ausgerüstet. Hierdurch kann er in vielen Fällen Pferde voll ersetzen und erst dadurch wirtschaftlich arbeiten. Der Kleinschlepper ist wegen seiner Leichtigkeit für Hackarbeiten gut geeignet und wird hierfür bereits von größeren landwirtschaftlichen Betrieben eingesetzt.

Die Vielheit der verschiedenen Schleppergrößen und -arten erhält gewisse Daseinsberechtigung durch die Verschiedenheit der landwirtschaftlichen Betriebsverhältnisse. Es ist jedoch erwünscht. die vorhandenen Schleppertypen auf wenige Größen und Arten zu vereinheitlichen, um die Erzeugung der Schlepper zu verbilligen und zu steigern.

Entscheidend für die Verwendung von Schleppern ist häufig, daß der Schlepper Arbeitsspitzen deckt (Bild 1), und daß der Pferdebestand verringert werden kann. In Zahlen läßt sich der Vorteil der Schlepperverwendung selten ausdrücken: z. B.:

Je früher die Getreidestoppel flach umgepflügt, d. h. „geschält" wird, desto besser ist die Wirkung für die nachfolgende Frucht. Pferde stehen für diese Arbeit während der Ernte meist nicht zur Verfügung, hierfür kann der Schlepper, gegebenenfalls nachts, mit Scheinwerferlicht, eingesetzt werden.

Zum großen Teil wird der Schlepper vor Geräte gespannt, die noch für Pferdezug eingerichtet sind. Die Anhängegeräte sind aber künftig der größeren Leistungsfähigkeit der Schlepper besser anzupassen. Auf Einführung von Luftreifen an Ackerwagen und Landmaschinen, sowie auf Zapfwellenantrieb von „Schlepperbindemähmaschinen" sei hier verwiesen.

Da Benzin wegen der hohen Betriebskosten als Schlepperkraftstoff nicht mehr verwendet wird, kommen für Schlepper heute nur noch in Frage: Ottomotoren für Petroleum, Dieselmotoren für Gasöl, Glühkopfmotoren für Gasöl.

Der Kraftstoffkosten-Unterschied zwischen den einzelnen Motorenarten ist in der folgenden Tafel dargestellt:

Motorart	Verbrauch (gr/PS/Std)	Kraftstoff	Preis i. Mittel	Leistungsstunden-Kosten (RPf/PS/Std)
Otto	300	Benzin	39 RM/100 l	16
Glühkopf	330	Gasöl	21 RM/100 kg	6,9
Diesel	220	Gasöl	21 RM/100 kg	4,6

Neuerdings werden auch für den Betrieb der Ackerschlepper Versuche mit Holz-, Torf- und anderen fossilen Brennstoff-Generatoren als Gaserzeuger für Ottomotoren durchgeführt[1]). Dem Vorteil dieser billigen heimischen Brennstoffe stehen als Nachteile gegenüber: Höheres Leistungsgewicht der Motoren an sich, Mehrgewicht der Generatoranlage und deren Anspruch auf Wartung und Reinigung[2]).

Der Einsatz von Schleppern und die Auswahl der geeigneten Schleppertype hängt sehr stark von den gegebenen Verhältnissen der landwirtschaftlichen Betriebe ab.

Um brauchbare landwirtschaftliche Schlepper zu liefern, muß die Schlepperindustrie die Arbeitsbedingungen durch enge Verbindung mit der Landwirtschaft kennen und folgende Grundsätze berücksichtigen:

1. Anpassung des Schleppers, seiner Größe und Art nach, an den jeweiligen landwirtschaftlichen Betrieb.
2. Der Schlepper muß vielseitig verwendbar sein und auf vorhandene oder anzuschaffende Anhängegeräte und ortsfeste Maschinen richtig abgestimmt sein.
3. Seine Anschaffungs- und Betriebskosten müssen klein sein.
4. Die Bauart des Schleppers muß einfach in Bedienung und Wartung, unempfindlich gegen den rauhen Betrieb bei langer Lebensdauer sein
5. Seine Instandsetzung muß einfach und billig sein und durch Umtausch von Ersatzteilen in wenigen Stunden durchgeführt werden können. Dauernde Betriebsbereitschaft des Schleppers während der Erntezeit ist lebenswichtig.
6. Der Schlepperführer ist zweckmäßig kein Personenwagenführer, sondern ein technisch begabter Landarbeiter, der die notwendigen Kenntnisse von der Lieferfirma oder in besonderen Ausbildungslehrgängen erhält (Deutsche Landkraftführerschule DEULA KRAFT, Berlin-Wartenberg). Auf eine klare, gute Betriebsanleitung, Instandsetzungsanweisung und Ersatzteilliste für den Schlepper ist großer Wert zu legen.

Die Einhaltung dieser Grundsätze bedingt für die Schlepperfirma:

Schlepperkonstrukteure, die eigene praktische Erfahrungen über Arbeitsverhältnisse, Betrieb und Bedienung der Schlepper in der Landwirtschaft besitzen.

Vertriebsorganisation mit schlagartig einsatzbereitem Kundendienst, Monteuren und Vertretern, die dauernd in Fühlung mit dem Kunden stehen. Besonders günstig ist der gemeinsame Vertrieb von Schlepper und zugehörigem Gerät, weil die kostspielige Vertriebsorganisation besser ausgenützt ist und der Kunde gern zusammengehörige Geräte bei einem Verkäufer kauft.

Die Wehrmachtschlepper, die in keinen wirtschaftlichen Arbeitsvorgang eingeschaltet werden können, sind für stärkere Leistungen vorgesehen und mit landwirtschaftlichen Schleppern nicht vergleichbar. Ihre Betriebsbedingungen ähneln bezüglich Bedienung, Pflege, Rauheit des Betriebes und Instandsetzung denen der Ackerschlepper. Da sie in ihrer Bauart grundsätzlich von den landwirtschaftlichen Schleppern abweichen, werden sie gesondert behandelt und in den allgemeinen Kapiteln dieses Abschnittes nur kurz gestreift.

---

[1]) Reichskuratorium für Technik in der Landwirtschaft (RKTL) Forschungsstelle Gasschlepperentwicklung.

[2]) Der inzwischen ausgebrochene Krieg wird die Entwicklung von Generatoren sehr stark fördern.

3. Bemessung und Berechnung.

Abkürzungen und Zeichen:

Eigengewicht	G (kg)
Adhäsionsgewicht auf getriebenen Rädern oder Gleisketten	G_{Ad} (kg)
In der Ebene gemessene, am Zughaken nutzbare Zugkraft	Z (kg)
Eigenfahrwiderstand des Fahrzeuges	W (kg)
Steigungswiderstand des Fahrzeuges	S (kg)
Umfangskraft an den Triebrädern	U (kg)
Fahrgeschwindigkeit im ersten Gang	V_1 (km/Std)
Fahrgeschwindigkeit	v (m/sec.)
Umfangsgeschwindigkeit der Triebräder	u (m/sec.)
Schlupfgeschwindigkeit der getriebenen Räder oder Gleisketten gegenüber dem Boden	v_0 (m/sec.)
Schlupf	s (%)
Adhäsionswert	$\frac{Z}{G_{Ad}}$
Gütegrad	$\frac{Z}{G}$
Mechanischer Triebwerkswirkungsgrad	η (%)
Steigungswinkel	α (°)
Bodenauflagefläche des Fahrzeuges	F (cm²)
Spezifischer Bodendruck	$\frac{G}{F}$ (kg/cm²)
Gebremste Motorleistung	Ne (PS)
Zughakenleistung	Nz (PS)
Eigenfahrwiderstandsleistung	Nw (PS)
Schlupfverlustleistung	N_s (PS)
Triebwerksverlustleistung	N_v (PS)
Triebradnabenleistung	N_t (PS)
Spezifische Leistung	$\frac{Ne}{G}$

Laufwerk.

Für die Eignung der verschiedenen Schlepperantriebsarten im Gelände ist in Bild 2 ein Vergleichsmaßstab aufgestellt. Diesem Vergleich liegen Messungen auf gerader, ebener Strecke in trockenem, losem Sand zugrunde,

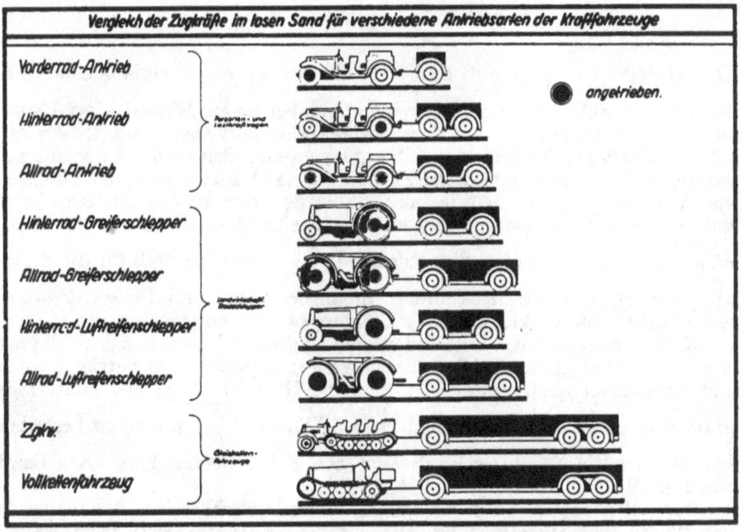

Bild 2. Vergleich der Zugkräfte im losen Sand für verschiedene Antriebsarten von Kraftfahrzeugen.

sodaß die dargestellten Werte für andere Verhältnisse abgewandelt werden müssen[1]).

Ein Schlepper arbeitet, rein technisch betrachtet, umso wirtschaftlicher, je mehr er von seinem Eigengewicht G für die Zugkraft Z nutzbar macht, über die er an seinem Zughaken zum Ziehen des Anhängegerätes oder zum Überwinden von Steigungen verfügt. Anzustreben ist also, möglichst viel Eigengewicht als Adhäsionsgewicht auszunutzen und möglichst griffig, d. h. mit großem Adhäsionswert $\frac{Z}{G_{Ad}}$ auf dem Boden abzustützen. Hierbei muß der spezifische Bodendruck $\frac{G}{F}$ des Fahrzeuges so gering wie möglich sein, um den Eigenfahrwiderstand W, der stark von der Einsinktiefe des Fahrzeuges abhängt, auf losem Boden klein zu halten.

Der Gütegrad für die Geländegängigkeit von Kraftfahrzeugen kann ausgedrückt werden durch ihre Zugkraft Z, bezogen auf ihr Gesamtgewicht G. In diesem Gütegrad $\frac{Z}{G}$ ist der Eigenfahrwiderstand enthalten. In Bild 2 ist die Fahrzeuglänge ein Maßstab für das Fahrzeuggewicht. Der Gütegrad $\frac{Z}{G}$ wird, da das Gewicht $G = 1$ angenommen ist, durch die Länge des Anhängers dargestellt, der im ebenen losen Sande mit einem Fahrwiderstand von 275 kg je Tonne Anhängergewicht von der Zugkraft Z gerade noch gezogen werden könnte.

Um sich nicht schon ohne Anhänger festzufahren, müssen die Zugfahrzeuge einen Überschuß an Zugkraft aufbringen, der mindestens der Größe des in Bild 2 ganz oben gezeichneten kleinsten Anhängers entspricht.

Bei Zugkraftmessungen ist der Schlupf der Antriebsglieder (Räder oder Gleisketten) zu berücksichtigen, da ein Schlupf von 10—20% die größten Zugkräfte ergibt. Den in Bild 2 angegebenen Messungen liegt ein Schlupf von etwa 10% zugrunde. Der Schlupf s ist das Verhältnis von Schlupfgeschwindigkeit v_0 (Differenz aus Umfangsgeschwindigkeit u des Antriebsgliedes und Fahrgeschwindigkeit v) zu Umfangsgeschwindigkeit u, ausgedrückt in %:

$$s = \frac{u - v}{u} \cdot 100\% = \frac{v_0}{u} \%.$$

Der Gütegrad $\frac{Z}{G}$ gibt außerdem ein Bild über die Steigfähigkeit eines Kraftfahrzeuges. Der Steigungswiderstand bei einem Winkel α ist $G \sin \alpha$ und wird meist, bezogen auf das Gewicht G, in kg/t angegeben. (Siehe Abschnitt Kraftfahr-Mechanik und Steigungsmesser Seite 4). Wenn die gesamte, in der Ebene gemessene Zugkraft Z zur Überwindung der Steigung zur Verfügung stehen würde, also unter der vereinfachenden Annahme, daß sich das Adhäsionsgewicht auf der Steigung nicht ändert, ist angenähert $Z = G \cdot \sin \alpha$ oder der Gütegrad $\frac{Z}{G} = \sin \alpha$ ein Maß für die Steigfähigkeit eines Fahrzeuges ohne Anhänger. Fahr- und Steigwiderstand eines Anhängers verkleinern den Steigungswinkel entsprechend.

Kraftfahrzeuge mit Vorderradantrieb sind als geländegängige Schlepper wegen ihres geringen Adhäsionsgewichtes ungeeignet. Dieses verringert sich auf Steigungen noch weiter. Gewöhnliche Kraftfahrzeuge mit Hinterradantrieb besitzen ebenfalls keinen großen Gütegrad $\frac{Z}{G}$, wobei zu beachten ist, daß der Einschlag der Vorderäder den Fahrwiderstand im losen Sand stark erhöht.

Der Allradantrieb, der für schnell-laufende, luftbereifte Fahrzeuge in der Wehrmacht eingeführt ist, erreicht bessere Werte, weil das Gesamt-

[1]) Z. V.D.I. Bd. 81, 1937, Nr. 22.

gewicht für die Adhäsion nutzbar ist und die Vorderräder sich bei Lenkeinschlag freiarbeiten.

Eine wesentliche Verbesserung des Gütegrades $\frac{Z}{G}$ wird durch Greiferräder erreicht. Der Greiferrad-angetriebene Acker-Schlepper, Bild 9 hat sich seit längerer Zeit gut in der Landwirtschaft bewährt und ist auf lehmigen, feuchten Böden dem luftbereiften Schlepper überlegen. In losem Sand neigt er zum Einwühlen der Triebräder. Allrad-Antrieb für Schlepper wurde im Ausland ausgeführt, Bild 40, hat sich dort aber der höheren Kosten wegen nur für Heereszwecke durchgesetzt. Der Greiferradschlepper läßt sich auf der Straße nach Abbau der Greifer infolge seiner durch die Eisenreifen bedingten niedrigen Geschwindigkeit nur schlecht zu Transportzwecken benutzen. Elastik-bereifte Radschlepper mit Anbaugreifern können auf dem Acker wegen ihres hohen spezifischen Bodendruckes nur geringen Gütegrad erreichen. Sie waren durch die Entwicklung der Ackerschlepper bedingte Notlösungen und laufen heute nur noch auf festen Straßen.

Mit der Einführung von Luftreifen für Straßenschlepper kam zwangsläufig der Niederdruck-Luftreifen, mit dem der Ackerschlepper infolge seines geringen spezifischen Bodendruckes einen verhältnismäßig großen Gütegrad erzielt. Die Zugkraft wächst ganz erheblich mit fallendem Reifendruck, dem leider durch das Wandern der Reifen auf der Felge eine Mindestgrenze mit etwa 0,8 at gesetzt ist. Auf lehmigen, feuchten Ackerböden und nassen Wiesen ist der luftbereifte Ackerschlepper wegen mangelnder Adhäsion nicht so gut geeignet.

Hier muß seine Zugkraft unter Umständen durch Auflegen von Gleitschutzketten oder Greifern verbessert werden. Der niederdruckluftbereifte Ackerschlepper hat den großen Vorteil vielseitiger Verwendbarkeit. Seine geringe Federung und seine weichen Reifen bedingen eine Höchstgeschwindigkeit von 20 km/Std., die für landwirtschaftliche Straßentransporte völlig ausreicht. Die Fahrgeschwindigkeit von Schleppern wird auch mit Rücksicht auf die gesetzlichen Vorschriften beschränkt, die für langsame Fahrzeuge geringeren Aufwand zulassen (siehe unten und Abschnitt Kraftfahrtmechanik). Für die weitaus meisten Aufgaben der Landwirtschaft gut geeignet, wird er künftig in ganz großem Umfang eingesetzt werden.

Mit gewöhnlicher Bereifung und anderer Getriebeübersetzung können die gleichen Schlepper im Straßenverkehr unter Verzicht auf Geländefahrt mit Fahrgeschwindigkeiten bis zu 30 km/Std. laufen.

In vielen Fällen reicht der Räderantrieb im Gelände, auf losem Sand- und Lehmboden nicht aus, um das Anhängegerät betriebssicher durchzuziehen. Hier ist der Gleiskettenantrieb mit seiner griffigen Abstützung des Fahrzeuggewichtes dem Räderantrieb weit überlegen, Bild 2. Für Wehrmachtszwecke kommt als geländegängiger Schlepper nur ein Fahrzeug mit hoher Geländegängigkeit, also ein Gleiskettenfahrzeug in Betracht, das bei großer Straßenfahrgeschwindigkeit sicher gelenkt werden muß und deshalb lenkbare Vorderräder besitzt. Der landwirtschaftliche Gleiskettenschlepper beschränkt sich auf kleine Fahrgeschwindigkeit und wird bisher ausschließlich zu Ackerarbeiten und ortsfestem Antrieb verwendet.

In Bild 3 ist anstelle des Gütegrades die Zugkraft gleichschwerer Ackerschlepper auf mittlerem Boden in Abhängigkeit vom Schlupf dargestellt, Bild 4 veranschaulicht die Leistungsbilanz unter diesen Betriebsbedingungen[1]). Der Luftreifenschlepper vermag bei annähernd gleicher Zugkraft höhere Geschwindigkeit und damit höhere Zugleistung aufzubringen als der Greiferradschlepper, weil Eigenfahrwiderstand und Eigenfahrleistung des Luftreifenschleppers klein sind im Vergleich zu denen des Greiferradschleppers und nicht so stark mit der Fahrgeschwindigkeit anwachsen. Die höchste Zugkraft des Greiferradschleppers ist auf mittleren

[1]) Nach Messungen des Schlepperprüffeldes Bornim, H. Meyer, Z. VDI Bd. 79, 1935, Nr. 21.

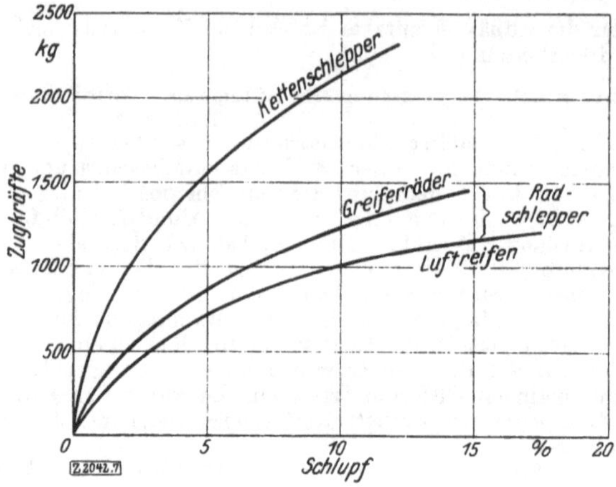

Bild 3. Einfluß des Laufwerkes auf die Zugfähigkeit von Ackerschleppern gleichen Gewichts auf mittleren Böden[1])

Böden allerdings größer als die des Luftreifenschleppers. Wie man in Bild 4 sieht, schneidet der Gleiskettenschlepper in der Leistungsbilanz am günstigsten ab[1]). Er wendet auf mittleren Böden für Eigenfahrwiderstand und Schlupf die geringste Verlustleistung auf. Da diese Verlustleistung Kraftstoff kostet, arbeitet der Gleiskettenschlepper auf mittleren und schweren Böden am wirtschaftlichsten von allen drei Schlepperarten.

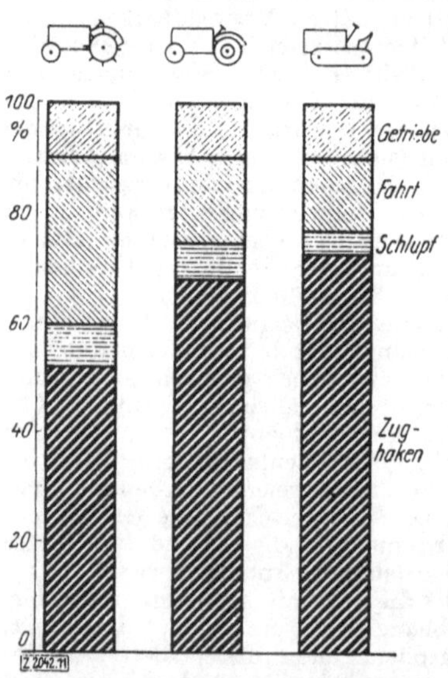

Bild 4. Einfluß des Schlepperlaufwerkes auf die Leistungsbilanz bei mittleren Böden[1])

Zusammengefaßt ergibt sich für die Antriebsart landwirtschaftlicher Schlepper:

1. Der luftbereifte Ackerschlepper reicht in den meisten Fällen für Ackerarbeiten aus und ist auch zu Transporten auf der Straße geeignet, daher vielseitig verwendbar. Sein großer Vorteil als Ackerschlepper liegt in seiner hohen Arbeitsgeschwindigkeit und damit hohen Zughakenleistung.

2. Der Greiferradschlepper ist in der Anschaffung zwar billiger nnd auf lehmigen schweren Böden auch zugkräftiger. Infolge seines hohen Fahrwiderstandes und seiner geringen Arbeitsgeschwindigkeit ist er im Betrieb jedoch nur da billiger, wo ein Luftreifenschlepper nicht mehr durchkommt und ein Kettenschlepper sich noch nicht lohnt. Als ausgesprochener Ackerschlepper benötigt er größere Ackerflächen, um wirtschaftlich arbeiten zu können.

3. Für den Gleiskettenschlepper ist volle Ausnutzung auf schweren Ackerböden Voraussetzung. Er vermag dann mit geringsten Kraftstoffkosten unter Verwendung von besonderen Anhänge-Geräten auf dem Acker viel zu leisten.

[1]) s. Anm. auf S. 1397.

Leistung und Gewicht.

Zur Bemessung von Leistung und Gewicht eines Schleppers könnte man von der größten Zugkraft ausgehen, die er zum Ziehen eines Anhängegerätes bei bestimmter Arbeitsgeschwindigkeit aufbringen muß. Leider ist der stark schwankende Zugkraftbedarf landwirtschaftlicher Arbeitsgeräte keine hierfür geeignete Rechnungsgröße.

Z. B. schwankt der Arbeitswiderstand eines Pfluges je dm² Furchenquerschnitt zwischen

20—30	kg/dm² bei	Sand — lehmigem Sand
30—40	,, ,,	sandigem Lehm
40—60	,, ,,	Lehm
60—80—100	,, ,,	schwerem Lehm und Ton[1]).

Die Leistung von Schleppern wird daher in erster Linie durch wirtschaftliche Erwägungen festgelegt, die den Preis, die Betriebskosten, die Anpassung an den Kundenkreis und die durch Erfahrung bekannte Arbeitsleistung bestimmen. Ackerschlepper werden heute mit Motor-Leistungen von 10 PS bis zu 65 PS gebaut, wobei die Bauernschlepper bis etwa 25 PS Leistung mit Anbau-Mähvorrichtung ausgerüstet werden. Unter 10 PS bis zu 4 PS herab beträgt die Motorleistung von Sondergeräten für Gärtnereibetriebe. Gleiskettenschlepper für die Landwirtschaft besitzen 45—65 PS Motorleistung, für Sonderzwecke des Straßenbaues noch darüber, Wehrmachtsschlepper über 100 PS bis zu 250 PS.

Die Motorleistung Ne, Bild 4, wird bei größter Zugkraft umgesetzt in:

1. Zughakenleistung, die als Zugkraft Z am Zughaken bei bestimmter Arbeitsgeschwindigkeit v meßbar ist und die Nutzleistung des Schleppers darstellt:

$$N_z = Z \cdot \frac{v}{75} \text{ (PS)}$$

(Z_{max} auf Acker kann nach Bild 2 aus dem Schleppergewicht G ungefähr bestimmt werden $Z_{max} \sim= 0{,}25$ G für Radschlepper, $Z_{max} \sim= 0{,}6\ G$ für Kettenschlepper, $v \sim= 1$ m/sec).

2. Eigenfahrleistung, die durch den Fahrwiderstand W des Schleppers bei seiner Arbeitsgeschwindigkeit v als Verlust gegeben ist:

$$N_W = W \cdot \frac{v}{75} \quad \text{(PS)}$$

($W \sim 0{,}1 \cdot G \div 0{,}2\,G$ auf dem Acker.)

3. Schlupfverlustleistung, die durch den Schlupf s der Antriebsglieder entsteht und aus deren Umfangskraft $U = Z + W$ und der Schlupfgeschwindigkeit v_0 bestimmt wird:

$$N_S = U \cdot \frac{v_0}{75} \quad \text{(PS)}$$

$$\left(U = Z + W; \quad s = \frac{u - v}{u} \cdot 100 = 10 - 20\,\%, \quad v_0 = u - v = \sim 0{,}1 \div 0{,}25 \text{ m/sec}\right)$$

4. Triebwerksverlustleistung, die aus der Differenz von Motorleistung N_e und der von 1—3 zusammengefaßten Triebradnabenleistung

$$N_t = N_z + N_W + N_S = Ne \cdot \eta$$

entsteht und mit dem mechanischen Wirkungsgrad η des Triebwerkes erfaßt wird:

$$N_V = Ne - N_t = Ne \cdot (1 - \eta) \qquad (\eta \simeq 0{,}85.)$$

Das Gewicht der Schlepper wird durch ihre Gestaltung bestimmt. Die Motorleistung Ne steht zum Gewicht G in einem Verhältnis, das bei den in Deutschland zur Zeit vorhandenen Schleppern etwa folgende Werte $\frac{Ne}{G}$ ergibt:

[1]) nach Prof. G. Fischer in „Hütte“ 25 Aufl. Bd. 4.

Bodenfräsen und Gärtnereischlepper von 4—6 PS	20—27 PS/t
Bauernschlepper von 11—18 PS	10—11 PS/t
Radschlepper von 20—35 PS	11—12 PS/t
Radschlepper von 35—45 PS	12—13 PS/t
Radschlepper von 45—55 PS	13—16 PS/t
Ackergleiskettenschlepper von 45—65 PS	11,5 PS/t
Wehrmachtsgleiskettenschlepper von 100—250 PS	22—15 PS/t

Die geringere Leistung der Kleinschlepper je Gewichtseinheit reicht deswegen aus, weil die Schlepperluftreifen (Bild 4) den Eigenfahrwiderstand herabsetzen und dadurch ausreichende Arbeitsgeschwindigkeit mit kleiner Motorleistung ermöglichen. Die mittleren und größeren Schlepper werden wahlweise mit Luftreifen oder Greiferrädern geliefert und außerdem zum Schleppen schwerer Lasten mit einer Fahrgeschwindigkeit bis zu 20 km/Std. auf der Straße verwendet. Hierzu ist eine größere Leistung je Gewichtseinheit erforderlich.

Die Leistung von Wehrmachtsschleppern wird wie die Leistung anderer Kraftfahrzeuge durch den Gesamt-Fahrwiderstand des Lastzuges bei großer Fahrgeschwindigkeit auf der Straße bestimmt.

Da der Schlepper bei starkem Zug bestrebt ist, sich aufzubäumen, muß sein Gewicht dem entgegenwirkend auf seine Achsen statisch verteilt werden. Beim Radschlepper kommt die dynamische Gewichtsverlagerung dem Adhäsionsgewicht und damit auch der Zugkraft und dem Schleppergütegrad $\frac{Z}{G}$ zugute. Um den Schlepper sicher zu lenken, muß eine Mindestbelastung der Vorderachse während des Ziehens erhalten bleiben. Das Kräftespiel läßt sich nach Bild 5 ermitteln und daraus die Gewichtsverteilung bzw. die richtige Lage des Schwerpunktes bestimmen.

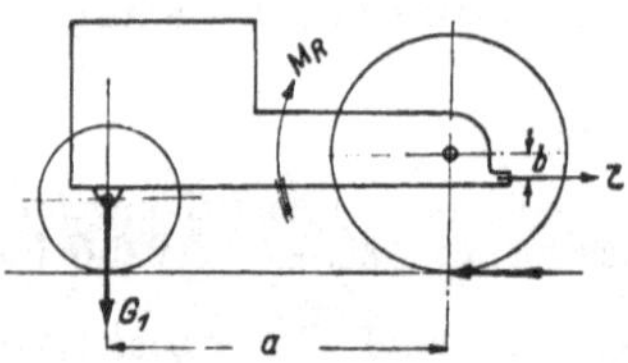

Bild 5.
Kräftespiel am Schlepper

Durch den Antrieb der Triebräder entsteht um deren Achse das aufbäumende Reaktionsmoment:

$$M_R = U \cdot r$$

Diesem wirkt das Moment der Vorderachse G_1 und das des Zughakens Z an den entsprechenden Hebelarmen a und b entgegen:

$$M_R < G_1 a + Z \cdot b .$$

Praktisch ergibt sich daraus, daß etwa $\frac{1}{3}$ des Gewichtes auf der Vorderachse, $\frac{2}{3}$ des Gewichtes auf der Triebachse statisch ruhen müssen. Die Zugkraft Z der Anhängevorrichtung für Ackerarbeit muß unterhalb der Triebachse angreifen, während für den Zug von Anhängern auf der Straße wegen der Zugdeichselneigung eine genormte Zugkupplung notwendig ist, die höher liegt, Bild 17. Der Schwerpunkt der Gleiskettenackerschlepper liegt ebenfalls wegen des Aufbäumens vor der Mitte der Kettenauflage.

Triebwerk.

(Eingehend werden die Triebwerksteile in den besonderen Abschnitten behandet.)

Im Gegensatz zu anderen Kraftfahrzeugen ist das Triebwerk von Ackerschleppern für Dauerbetrieb mit voller Leistung in allen Gängen zu bemessen.

Die Motoren sind langsam laufende Diesel- oder Glühkopfmotoren kräftiger Bauart mit geringer Wartung und großer Lebensdauer. Otto-Benzinmotoren werden in Deutschland nicht mehr verwendet. Das Drehmoment soll über den ganzen Betriebszahlbereich möglichst gleich bleiben. Bei der Ackerarbeit stellt der Schlepperführer den Kraftstoffhandhebel auf Vollast, sodaß die Drehzahl durch einen Regler begrenzt werden muß. Bei dieser Betriebsdrehzahl müssen Drehmoment u. spezifischer Kraftstoffverbrauch des Motors günstig liegen. Angelassen werden die Motoren mit einfachen Vorrichtungen. Die Kühlanlage muß ohne Fahrwind für Dauerbetrieb mit voller Leistung ausreichend bemessen sein.

Die Motorkupplung, meist als Einscheibentrockenkupplung ausgebildet, muß das Anfahren in allen Gängen, besonders auch Stöße beim Anfahren aushalten, wenn der Pflug sich festgefahren hat. Um schnelles Schalten zu erleichtern, werden in einigen Schleppern Kupplungsbremsen verwendet.

Das Getriebe wird zweckmäßig so angeordnet, daß sich das große Drehmoment erst unmittelbar auf die Triebachse auswirkt. Für den kleinsten Gang ergibt sich die Übersetzung aus der Forderung, daß der Motor durch die größte Umfangskraft an den Triebrädern nicht abgewürgt werden darf. Andererseits ist es sinnlos, mit der Übersetzung des Motordrehmomentes zu weit zu gehen, da die Umfangskraft U, die von dem Adhäsionsgewicht abhängig ist, durch den Schlupf begrenzt wird.

Rechnerisch ergeben sich für die Fahrgeschwindigkeit V_1 im ersten Gang folgende Beziehungen:

$$U = \frac{Ne}{V_1} \cdot \eta \cdot 75 \cdot 3600 \text{ (kg)};$$

$$V_1 = \frac{Ne}{U} \cdot 270\ \eta.$$

Unter der besonders günstigen Annahme des Bodenreibungsbeiwertes

$\frac{U}{G_{Ad}} = 0{,}85$ gilt

für Radschlepper bei $G_{Ad} = 0{,}67\, G$, $\eta = 0{,}85$:

$$U = G \cdot 0{,}67 \cdot 0{,}85; \quad \underline{\underline{V_1}} = \frac{Ne \cdot 230}{G \cdot 0{,}57} = \underline{\underline{\frac{Ne}{G} \cdot 400 \text{ (km/Std)}}}$$

für Gleiskettenschlepper bei $G_{Ad} = G$, $\eta = 0{,}75$:

$$U = G \cdot 0{,}85; \quad \underline{\underline{V_1}} = \frac{Ne \cdot 203}{G \cdot 0{,}85} = \underline{\underline{\frac{Ne}{G}\ 240 \text{ (km/Std)}}}$$

Die aus der spezifischen Leistung $\frac{Ne}{G}$ ermittelte Geschwindigkeit V_1 ist ein Richtwert, der wegen der Gefahr des Motorabwürgens nicht überschritten werden sollte, der jedoch aus Bau- oder Betriebsgründen unterschritten wird. So würde sich z. B. für Motorfräsen oder Heeresschlepper wegen ihres hohen Leistungsgewichtes $\frac{Ne}{G}$ eine für ihren Betrieb zu hohe Geschwindigkeit im kleinsten Gang ergeben.

Damit der Ackerschlepper sich dem Zugkraftbedarf wirtschaftlich anpassen kann, beträgt der Sprung zwischen den einzelnen Gängen etwa 1,3 (bei Wehrmachtsschleppern etwa 1,5). Zum schnellen Fahren auf der Straße besitzen die Radschlepper meist ein Vorgelege zu ihrem 4-Gang Getriebe.

Zwecks Verbilligung werden für kleine Schlepper einheitliche Schleppergetriebe und -Triebachsen von Getriebefirmen hergestellt, Bild 13. Da in Schlepper verschiedener Größe und Antriebsart möglichst gleiche Triebwerke eingebaut werden, ergeben sich zum Teil sehr kleine Geschwindigkeiten im ersten Gang. Soweit hierdurch auf dem Acker zu große Umfangskräfte an den Triebrädern entstehen, können Zusatzgewichte auf der Triebachse angebracht werden, um das Adhäsionsgewicht und damit die Zugkraft zu erhöhen. Zusatzgewichte haben den Vorteil, daß sie bei schweren Arbeiten die Zugkraft verstärken, während sie sich bei leichten Arbeiten auf dem Acker abnehmen lassen, um geringeren Eigenfahrwiderstand und höhere Arbeitsgeschwindigkeit zu ermöglichen.

Mit Rücksicht auf billige Herstellung der Getriebe werden gewöhnlich alle Zahnräder geradverzahnt und nicht geschliffen, sodaß das Schaltgetriebe als einfaches Schubrädergetriebe ausgebildet werden kann. Nur soweit die Schlepper in höheren Gängen — vorzugsweise als Verkehrsschlepper — eingesetzt werden, sind die Zahnräder für die größeren Geschwindigkeiten schrägverzahnt und geschliffen, um die notwendige Geräuschlosigkeit zu erzielen.

Riemenscheiben- und Zapfwellenantrieb werden in Abhängigkeit von der Motordrehzahl meist an der ersten Getriebewelle abgenommen. Die Zapfwellendrehzahl ist mit 540 Uml./Min. festgelegt, während die Riemenscheibe je nach Durchmesser mit einer Drehzahl läuft, die einer Umfangs- und Riemengeschwindigkeit von etwa 13—20 m/sec entspricht. Der Mähbalken der Motorschlepper wird mit etwa 800 Uml./Min. angetrieben. Diese Zusatzabtriebe sind durch besondere Betätigungshebel einzuschalten. Rutschkupplungen in Zapfwelle und Mähbalken, Riemenschlupf an der Riemenscheibe und Schlupf der Antriebsräder oder Gleisketten auf dem Boden sorgen für Schutz gegen Überlastung des Triebwerks.

Normung und Gesetz.

Die Festlegung der Haupt- und Anschlußmaße erfolgt durch einen besonderen Fachnormenausschuß für Zugmaschinen innerhalb der Fachgruppe Landmaschinenbau. Die Normblätter sind durch die Beuth-Vertrieb, GmbH., erhältlich (Berlin SW 68, Dresdener Straße 97).

Um Herstellung und Absatz der Schlepper zu verbilligen, ist es notwendig, innerhalb der verschiedenen Schleppergrößen und -arten die Typen weitgehend zu vereinheitlichen und ihre Zahl zu verringern, wozu besondere Maßnahmen ergriffen werden. Einzelheiten hierzu sind vom Reichskuratorium für Technik in der Landwirtschaft, RKTL, Berlin zu erfahren[1]).

Alle Schlepper müssen, soweit sie auf öffentlichen Straßen verkehren, der Straßenverkehrsordnung (St.V.O.) und der Straßenverkehrs-Zulassungsordnung (St.V.Z.O.) sowie den sonstigen für Kraftfahrzeuge geltenden gesetzlichen Bestimmungen entsprechen.

Besonders zu beachten ist Folgendes:

Führerschein Klasse 2 gilt für Fahrzeuge mit Eigengewicht über 3,5 t und Züge mit mehr als drei Achsen. Hierunter fallen landwirtschaftliche Schlepper im allgemeinen nicht, da ihre Anhängefahrzeuge, auch wenn sie luftbereift sind, ungefedert und für wechselnden Zug-, Kraft- oder Pferdezug eingerichtet sind. Dagegen ist zum Führen von Schleppern mit Anhängern, die als Kraftfahrzeuganhänger hinsichtlich Federung, Bremsen und Beleuchtung ausgebildet sind und die auf Reichsautobahnen verkehren dürfen, der Führerschein Klasse 2 erforderlich.

Führerschein Klasse 4 gilt für Kraftfahrzeuge bis 250 ccm^3 Hubraum oder nicht mehr als 20 km/Std Höchstgeschwindigkeit. Er berechtigt allgemein zum Führen landwirtschaftlicher Schlepper mit Anhängegerät auf öffentlichen Wegen und wird ohne kostspielige Fahrausbildung und Fahrprüfung vor einem Sachverständigen auf Antrag ausgestellt, wenn der Antragsteller genügende Verkehrskenntnisse besitzt.

Kraftfahrzeuge und ihre Anhänger müssen zum Verkehr auf öffentlichen Straßen durch Erteilung einer Betriebserlaubnis und durch Zuteilung eines amtlichen Kennzeichens für Kraftfahrzeuge, bzw. eines Zulassungszeichens für Anhänger zugelassen werden. Ausgenommen hiervon sind selbstfahrende Arbeitsmaschinen (jedoch nicht Schlepper) und Anhänger in land- und forstwirtschaftlichen Betrieben, die für wechselnden Zug durch Gespanne oder Schlepper eingerichtet sind. Landwirtschaftliche Schlepper, die keinen öffentlichen Weg benutzen, benötigen weder Führerschein, noch Zulassung und Kennzeichen.

Die Bau- und Betriebsvorschriften für Kraftfahrzeuge gelten sinngemäß für alle Fahrzeuge:

Größte Breite: bis 17 t Fahrzeuggewicht 2,35 m, darüber 2,50 m, ausgenommen land- und forstwirtschaftliche Arbeitsmaschinen.

Größte Länge des Fahrzeuges: 22 m.

Größte Höhe von Fahrzeugen: 4 m.

Die Bodenfreiheit landwirtschaftlicher Ackerschlepper ist größer als das für Kraftfahrzeuge vorgeschriebene Mindestmaß. Die Achsdrücke der landwirtschaftlichen Schlepper bleiben weit unter dem vorgeschriebenen höchsten Achsdrücken. Der Laufrollendruck von Gleiskettenschleppern ist je Laufrolle auf 1,5 t bei ebener Fahrbahn begrenzt. Der Abstand zwischen den Achsen eines Fahrzeuges oder Zuges muß mindestens 0,3 m je t Summe der Achsdrücke sein. Gleiskettenfahrzeuge dürfen die Fahrbahn zwischen erster und letzter Laufrolle höchstens mit 4 t je m belasten. Reifen und Laufflächen dürfen eine feste Fahrbahn nicht beschädigen. Bodengreifer müssen ab-

---

[1]) Verordnung über Typenbegrenzung in der Kraftfahrzeug-Industrie v. 2. III. 1939, Ausführungsvorschriften Nr. 2 (Schlepper-Bauprogramm) Deutscher Reichsanzeiger vom 24. V. 1939. Siehe auch: ATZ, Jahrg. 43, Heft 9 vom 10. 5. 40, S. 222 und 223, Typentabelle der deutschen Ackerschlepper (Stand 1. 1. 40).

nehmbar sein oder durch Schutzreifen unschädlich gemacht werden. Gummi-Luftreifen sind für Fahrzeuge über 25 km/Std, bei ungefederten Triebachsen über 16 km/Std Höchstgeschwindigkeit vorgeschrieben. Andere Gummireifen müssen durch eine Rippe bis zu ihrer Abfahrgrenze gekennzeichnet sein, bei der sie noch mindestens 6 mkg Arbeitsvermögen haben, ihre höchst zulässige statische Flächenpressung darf 8 kg/cm² nicht übersteigen.

Eiserne Reifen mit 125 kg Auflagedruck je cm Felgenbreite sind zulässig für Schlepper in land- und forstwirtschaftlichen Betrieben, die 4 t Gesamtgewicht und 8 km/Std Geschwindigkeit nicht überschreiten, ferner für land- und forstwirtschaftliche Fahrzeuge und Arbeitsgeräte hinter Schleppern mit einer Höchstgeschwindigkeit von 8 km/Std. Gleiskettenfahrzeuge dürfen keine schädlichen Kratzbewegungen gegen die Fahrbahn ausführen. Rundungen metallischer Bodenplatten und Rippen müssen an den Längsseiten der Gleisketten mindestens 60 mm Halbmesser haben. Der Druck der durch eine Laufrolle belasteten Gleiskettenauflagefläche auf ebener Fahrbahn darf 15 kg/cm² nicht übersteigen. Die Geschwindigkeit von Gleiskettenfahrzeugen wird allgemein auf 8 km/Std, wenn die Laufrollen mit Gummireifen oder die Gleisketten mit Gummipolstern versehen sind, auf 16 km/Std beschränkt. Die Geschwindigkeit ist nicht beschränkt, wenn Laufrollengummireifen oder besonders gefederte Laufrollen und Gummipolster auf den Gleisketten verwendet werden, wie dies bei Wehrmachtsschleppern der Fall ist.

Alle Kraftfahrzeuge müssen zwei voneinander unabhängige Bremsvorrichtungen besitzen, von denen eine feststellbar ist. Können mehr als 2 Räder gebremst werden, dürfen gemeinsame Bremsflächen und Übertragungseinrichtungen benutzt werden. Wenn die Höchstgeschwindigkeit 20 km/Std nicht übersteigt, muß mit der Betriebsbremse eine mittlere Verzögerung von mindestens 1,5 m/sec², mit der Feststellbremse eine mittlere Verzögerung von mindestens 1 m/sec² erreicht werden. Für Schlepper mit größerer Fahrgeschwindigkeit werden mittlere Verzögerungen durch die Betriebsbremse von mindestens 2,5 m/sec², durch die Feststellbremse von mindestens 1,5 m/sec² verlangt. Praktisch reichen die gesetzlichen Mindestforderungen nicht aus, sodaß eine mittlere Verzögerung von 3—3,5 m/sec² von der Betriebsbremse erreicht werden muß, während die Feststellbremse die Fahrzeuge auf den von ihnen befahrbaren Steigungen halten soll. Die Feststellbremse soll also eine Verzögerung $p = g . \sin \alpha$ erreichen, worin g die Erdbeschleunigung und α der Steigungswinkel ist. Hieraus ergeben sich für geländegängige Fahrzeuge (nach Abschnitt Fahrzeug-Mechanik) im Steigungsmesser als $\frac{1}{100}$ des Steigungswiderstandes in m/sec² sehr hohe Verzögerungswerte, die bei Anhängerbetrieb die Gefahr des Auflaufens bieten. Man muß sich daher mit Verzögerungswerten von 3—3,5 m/sec² und Steigungswinkeln von 17—20° begnügen.

Anhänger müssen eine feststellbare Bremse besitzen, die hinter Kraftfahrzeugen mit einer Geschwindigkeit über 20 km/Std eine mittlere Verzögerung von mindestens 2,5 m/sec², mit einer Geschwindigkeit unter 20 km/Std mindestens 1,5 m/sec² erreicht. Im letzten Fall sind die Anhänger besonders zu kennzeichnen. Selbsttätige oder vom Schlepper aus bediente Anhängerbremsen müssen den Anhänger beim Lösen vom ziehenden Fahrzeug selbsttätig zum Stehen bringen. Andernfalls sind die Anhängerbremsen von Bremsern zu bedienen, die freie Aussicht auf die Fahrbahn haben. Auflaufbremsen sind bei Anhängern über 5,5 t Gesamtgewicht und über 20 km/Std nur nach besonderer Genehmigung zulässig. In einem Zuge darf nur ein Anhänger mit Auflaufbremse mitgeführt werden. Land- und forstwirtschaftliche Arbeitsgeräte brauchen keine Bremse zu haben, wenn sie nur im Fahren arbeiten (Drillmaschinen, Mähmaschinen, Pflüge), dagegen ortsfest arbeitende Maschinen (Dreschmaschinen, Strohpressen) sind wie andere Fahrzeuge mit einfachen feststellbaren Bremsen auszurüsten.

Lastkraftwagen und Schlepper müssen, sofern sie festes Führerhaus besitzen, beim Ziehen von Anhängern ein gelbes Dreieckszeichen führen. Die Beschränkung des Fahrgeräusches auf 85 Phon gilt nicht für Zugmaschinen in land- und forstwirtschaftlichen Betrieben, Gleiskettenschlepper ohne Gummipolster und Arbeitsmaschinen mit eisernen Reifen. Für die Fahrbahnbeleuchtung genügen bei Kraftfahrzeugen bis 8 km/Std zwei Lampen ohne Scheinwerferwirkung, bei schnelleren Kraftfahrzeugen sind abblendbare Scheinwerfer verlangt. Die seitliche Begrenzung der Kraftfahrzeuge muß durch zwei Lampen zu erkennen sein, die nicht mehr als 40 cm vom äußeren Fahrzeugrand entfernt sind und meist als Standlichter in die Fahrzeuge eingebaut werden. Lampen zur Beleuchtung von Arbeitsgeräten hinter Schleppern sind keine Rückfahrtscheinwerfer, die nur bei eingeschaltetem Rückwärtsgang brennen dürfen. Die Bestimmungen über zwei Schlußlichter und einen roten Rückstrahler gelten auch für Schlepper, die jedoch in land- und forstwirtschaftlichen Betrieben mit Höchstgeschwindigkeit von 20 km/Std keine Bremslichter zu führen brauchen. Für Anhänger sind zwei Schlußlichter und ein Rückstrahler vorgeschrieben; von den beiden Schlußlichtern muß das linke eine eigene Lichtquelle besitzen. Anhänger führen die gleichen Bremslichter, wie ihre Zugfahrzeuge.

Soweit die Anhängefahrzeuge in land- und forstwirtschaftlichen Betrieben wegen ihrer Einrichtung für wechselnden Zug, nicht als Kraftfahrzeuganhänger gelten, sind sie wie alle andern Fahrzeuge nur mit roten Schlußlichtern oder Rückstrahlern, sowie mit seitlichen Begrenzungslaternen auszurüsten. Fahrtrichtungsanzeiger müssen Schlepper mit offenem Führersitz nicht führen. Eisenbereifte Kraftfahrzeuge mit 8 km/Std Höchstgeschwindigkeit brauchen keine Vorrichtung für Schallzeichen zu besitzen, dagegen ist ein Rückspiegel allgemein vorgeschrieben. Fahrzeuge und Anhänger, die nur für bestimmte Höchstgeschwindigkeit zugelassen sind, müssen durch ein besonderes Schild gekennzeichnet werden. Fabrikschilder und amtliche Kennzeichen sind an allen Kraftfahrzeugen und Anhängern in der vorgeschriebenen Form anzubringen.

4. Seilpflüge.

Die mechanische Bodenbearbeitung begann mit dem Antrieb durch die Dampfmaschine, die zu schwer war, um selbst vor dem Pflug fahren zu können. So entstand der Seilpflug, bei dem man entweder mit zwei Antriebsmaschinen, Bild 6, oder mit einer Antriebsmaschine und einem Ankerwagen wechselseitig arbeitet, Bild 7. Während der Kippflug über den Acker gezogen wird, rückt das leerlaufende Antriebsgerät um zwei Arbeitsbreiten vor.

Der Dampfpflug kann nur auf sehr großen Arbeitsflächen voll ausgenutzt und wirtschaftlich eingesetzt werden. Seine Seilwinde muß das Seil beim Aufwickeln gut führen, damit das Seil geschont wird. Ähnliche, jedoch kleinere Seilwinden werden heute zu besonderen Zwecken an Schlepper angebaut, Bild 14.

Seilpflüge durch Verbrennungsmotoren anstelle von Dampfmaschinen anzutreiben, hat sich wirtschaftlich nicht bewährt, obwohl der Betrieb von Dampfmaschinen auf dem Acker für den Landwirt wegen der ständigen Kohle- und Wasserzufuhr unangenehm ist.

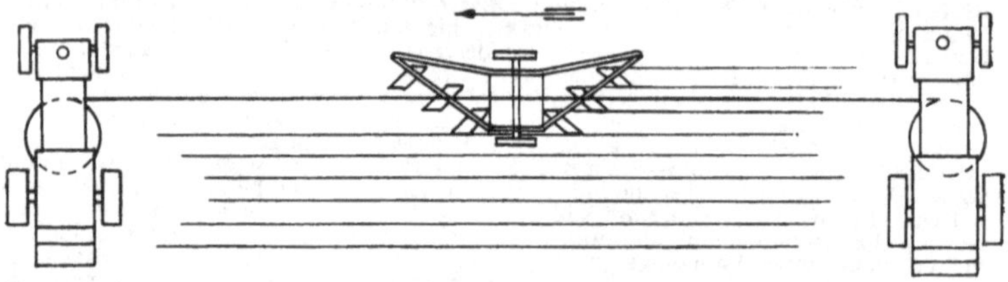

Bild 6. Seilpflug mit zwei Maschinen

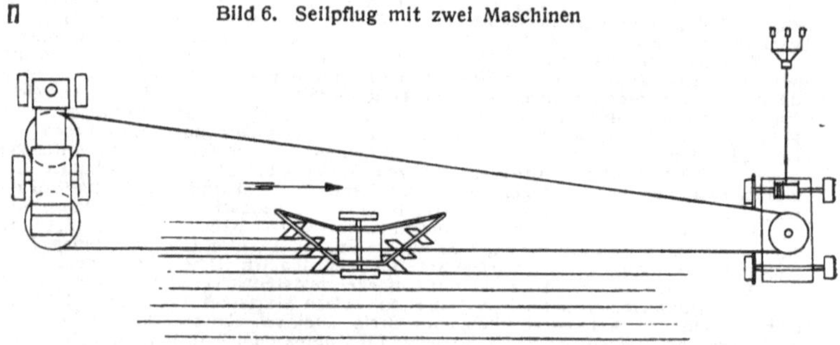

Bild 7. Seilpflug mit einer Maschine

5. Tragpflüge.

Dem Seilpflug erstand im Motortragpflug ein Wettbewerber, der sich in mittleren landwirtschaftlichen Betrieben vor dem Welt-Kriege durchsetzte,

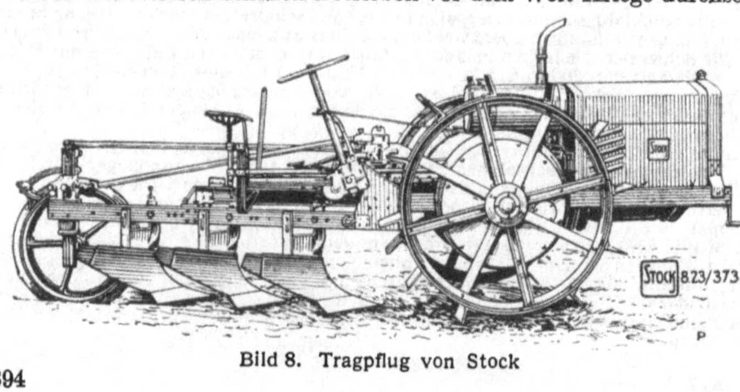

Bild 8. Tragpflug von Stock

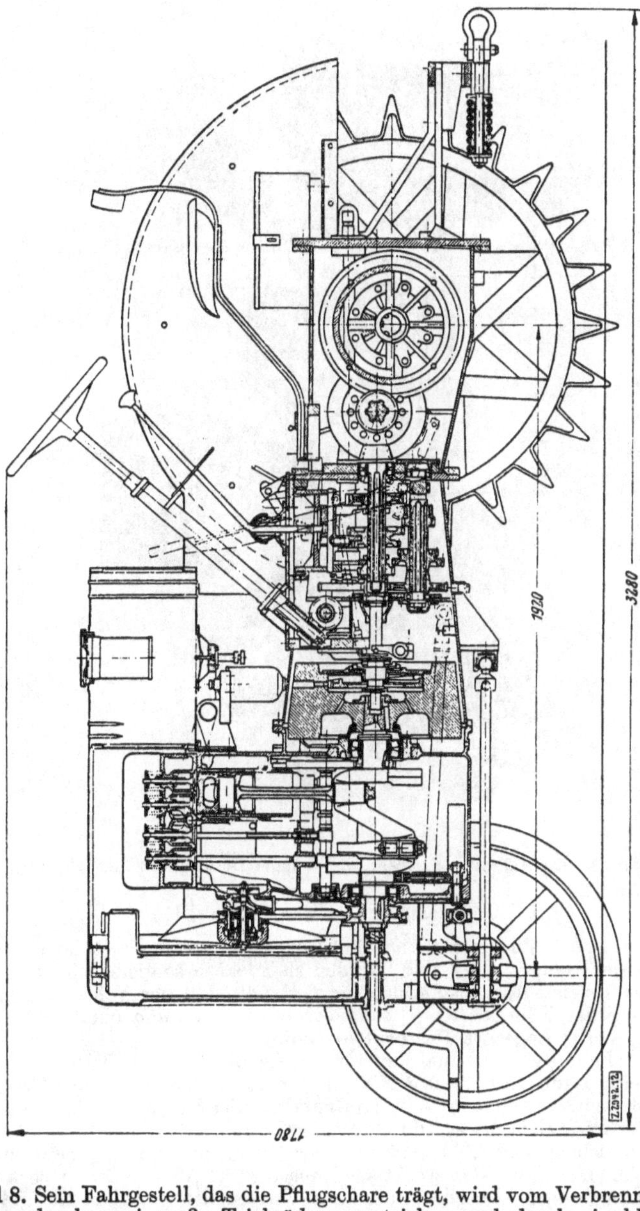

Bild 9. Längsschnitt des 25-PS-Radschleppers der Humboldt-Deutz-Motoren A. G.

Bild 8. Sein Fahrgestell, das die Pflugschare trägt, wird vom Verbrennungsmotor durch zwei große Triebräder angetrieben und durch ein kleines, hinten laufendes Rad gelenkt.

Seilpflüge und Tragpflüge wurden nach dem Welt-Kriege durch die vielseitigen Ackerschlepper verdrängt, wenngleich Dampfpflüge noch heute auf großen Gütern wirtschaftlich arbeiten.

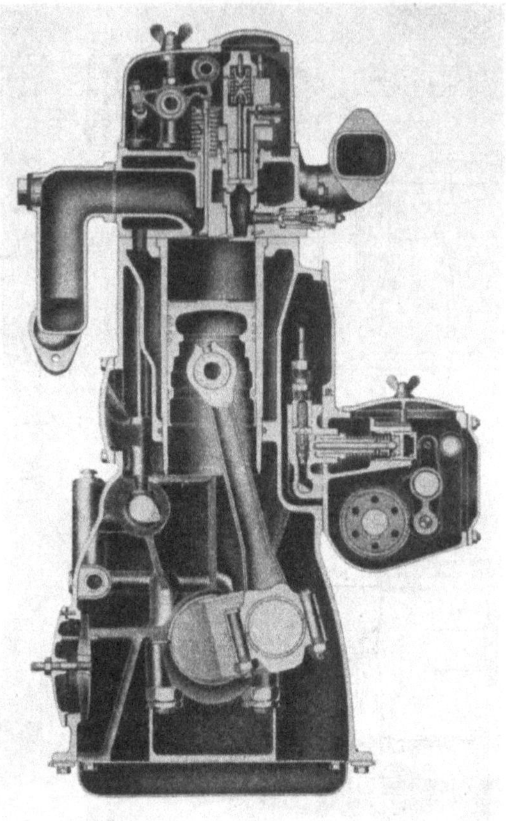

Bild 10. Querschnitt des 55-PS-Vierzylinder-Dieselmotors der Hanomag

6. Landwirtschaftliche Radschlepper.

Soweit die Triebwerke von Gleiskettenschleppern gleich oder ähnlich denen der Radschlepper sind, werden sie nicht besonders behandelt.

Der Betrieb des Ackerschleppers verlangt, daß der Fahrer neben der Führung des Schleppers das Anhängegerät bedient und überwacht. Hierdurch ist die Lage des Fahrersitzes bedingt.

Der Fahrer schaltet und kuppelt den für die Arbeit richtigen Getriebegang ein. Dann braucht er den Schlepper nur zu lenken, da der Motor bei entsprechender Stellung des Kraftstoffhandhebels mit Vollast bis zur Höchstdrehzahl läuft, die durch Regler begrenzt wird.

Abweichend vom üblichen Kraftfahrzeugbau sind Schlepper gewöhnlich als rahmenlose Blockkonstruktionen ausgeführt. An den Motorblock sind Kupplungs- und Getriebegehäuse mit Triebachse angeflanscht, Bild 9. Vorderachse, Lenkung, Kühler, Kraftstoffbehälter, Zugvorrichtungen, Fahrersitz und Kotflügel sind am Triebwerksblock befestigt. Die einzelnen Gehäuseteile werden im allgemeinen in Grauguß ausgeführt, abweichend davon ist das Getriebegehäuse in Bild 9 eine geschweißte Stahlkonstruktion.

Dieselmotoren werden, wie bei Kraftfahrzeugen üblich, mit ihrer Kurbelwelle in der Längsrichtung des Schleppers stehend angeordnet

Verwendet werden Einzylinder-, Zwei- und Vierzylindermotoren, die im Viertakt nach verschiedenen Verfahren mit Vorkammer oder Wälzkammer arbeiten und wegen großen Verschleißes auswechselbare Zylinderlaufbüchsen besitzen. Ihre Höchstdrehzahl liegt bei 1000—1300 Uml/min. und wird durch einen Regler begrenzt, der auf die Kraftstoffeinspritzpumpe wirkt. Bild 10 zeigt einen Schlepperdieselmotor im Querschnitt. Auf gute Zugänglichkeit zu allen Teilen, die Wartung erfordern, ist Rücksicht zu nehmen.

Damit die Motoren bei kalter Witterung mit Sicherheit anspringen, selbst wenn sie im Freien stehen, werden verschiedene Verfahren zum Anlassen angewandt.

Elektrische Batterien sind am Ackerschlepper wegen ihrer Empfindlichkeit und ihrer Kosten nicht allgemein erwünscht. Soweit die Motoren, besonders die kleineren, von Hand angelassen werden, schaltet man zum Anlassen auf Ottobetrieb mit Benzin, geringerer Verdichtung und Zündfunken um, oder es werden Glühlunten bei geringerer Verdichtung verwendet. Bei Benutzung elektrischer Anlasser wird, wie bei Lastwagenmotoren üblich, das Anspringen durch Glühkerzen erleichtert. Ist der

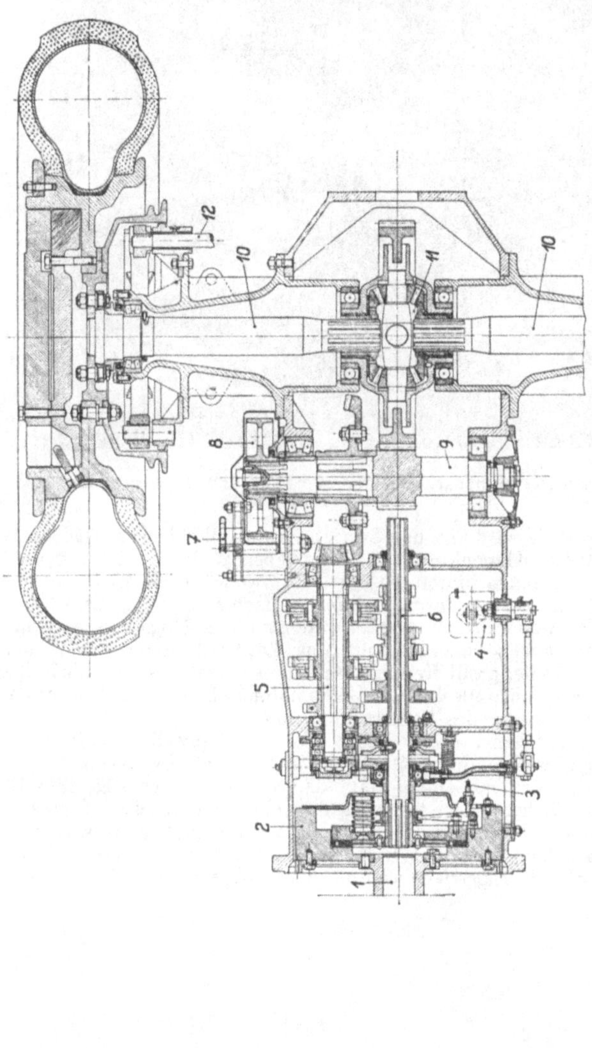

Bild 11. Getriebe und Triebachse des 45-PS-Radschleppers der Fahrzeug- und Motoren-Werke, Famo. 1 Kurbelwelle 2 Schwungrad 3 Nachstellschraube 4 Kupplungsfußhebel 5 Schaltwelle 6 Schiebewelle 7 Handbremshebel 8 Getriebebremse 9 Vorgelegewelle 10 Antriebswellen 11 Ausgleichsgetriebe 12 Bremsnockenwelle

Schlepper nur mit einer schwachen Batterie ohne Anlasser ausgerüstet, so wird zum Durchdrehen von Hand die Verdichtung für die ersten Umdrehungen durch Offenhalten der Einlaßventile ausgeschaltet. Hierzu wird ein besonderer Hebel umgelegt, anschließend schaltet man die Glühkerzen an. Mit etwa 5 Umdrehungen muß man die Kurbelwelle von Hand so beschleunigen, daß die dann selbsttätig einsetzende Verdichtung überwunden wird und der Motor anspringt.

Schwungrad und Kupplung, die in der Regel eine Einscheibentrockenkupplung ist, werden kräftig ausgebildet. Die starre Antriebswelle geht in das Schubräder-Schaltgetriebe, dessen Wellen parallel zur Fahrzeuglängsachse liegen, Bild 9 und 11. Das Schaltgetriebe arbeitet über ein Kegelradvorgelege auf eine Querwelle, die das Ausgleichsgetriebe über ein Stirnräderpaar antreibt. Auf der Querwelle ist häufig die Handbremstrommel angeordnet. In Bild 11 erkennt man eine Kupplungsbremse, die zweite Getriebewelle liegt neben, statt wie in Bild 9, über der Hauptwelle.

Bild 12. Gefederte Anhängekupplung, Zapfwelle und Riemenscheibe, zusammengebaut, Hanomag

Die Zapfwelle wird von der Getriebehauptwelle über ein Räderpaar und eine schaltbare Klauenkupplung angetrieben und seitlich über das Ausgleichsgetriebe nach hinten geführt. Zapfwelle, Riemenscheibe und gefederte Anhängezugvorrichtung werden vielfach zusammengeflanscht, Bild 12 Für den Zapfwellenbetrieb werden die Straßenanhängekupplung und die Schutzkappe abgenommen, damit das Zapfwellenende mit seinem genormten Keilwellenprofil freiliegt. Auf dieses wird das Anschlußstück der gelenkigen Antriebswelle für die Bindemähmaschine geschoben, die an der Ackerzugvorrichtung des Schleppers hängt.

Soweit die Riemenscheibe nicht von der Zapfwelle angetrieben wird, ist sie auf einer besonderen Querwelle angeordnet. Die Kleinschlepper für Bauernbetrieb sind mit einem Mähbalkenantrieb ausgerüstet, Bild 13.

Die zusätzlichen Antriebseinrichtungen, Riemenscheibe, Zapfwelle und Mähbalkenantrieb sind organisch mit dem Schleppertriebwerk verwachsen. Sie werden jedoch nur auf Wunsch des Kunden mitgeliefert, der auch ein von der Zapfwelle angetriebenes Spill oder eine Seilwinde, Bild 14, erhalten kann.

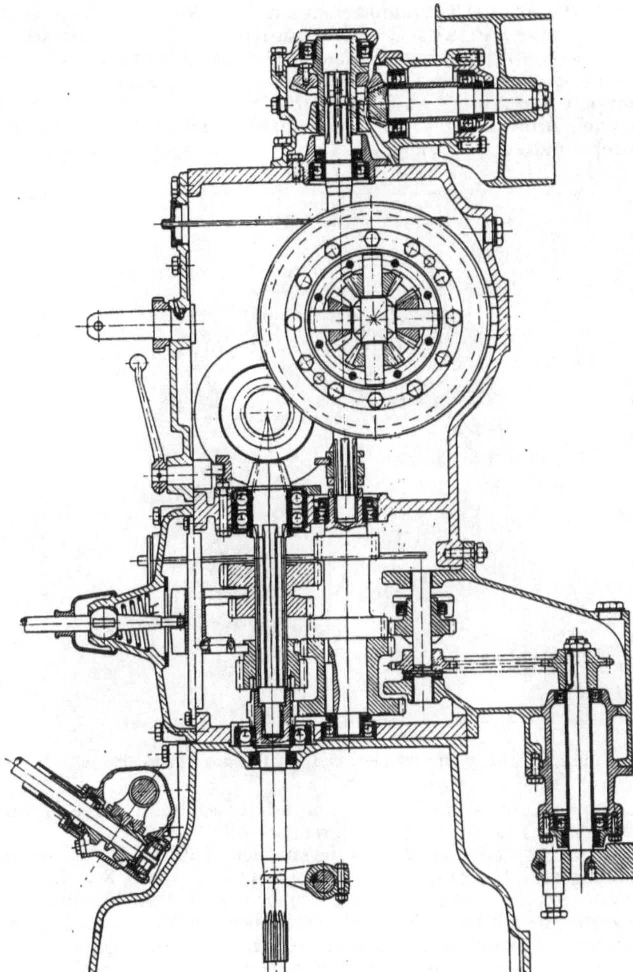

Bild 13. Kleinschlepper-Einheitstrieb, Prometheus

Kleinschlepperfirmen stellen ihre Triebwerke zum Teil nicht selbst her, sondern beziehen die Motoren von Motorenfirmen und die als Einheitsschleppergetriebe entwickelten Getriebeblöcke von Getriebefirmen. Bild 15 zeigt als Querschnitt von Bild 13 einen Einheitsschleppertrieb mit Differentialsperre.

Neuerdings wurden besondere Arbeitsgeräte entwickelt, die an Kleinschlepper für die Ackerarbeit unmittelbar angebaut werden können, Bild 16.

Einzylinder-Zweitakt-Glühkopfmotoren, die mit Höchstdrehzahlen von 540—850 Uml/min. laufen, liegen im Gegensatz zur üblichen Bauweise mit querliegender Kurbelwelle im Fahrzeug, Bild 17. Der Glühkopfmotor hat den Vorteil einfachster, billigster Bauart und Bedienung. Er wird nach Anheizen des Glühkopfes durch eine Lötlampe von Hand durchgedreht und springt leicht an. Dafür ist sein spezifischer Kraftstoff-

Bild 14. Schlepperseilwinde am Lanz-Bulldog-Radschlepper

verbrauch nicht ganz so gering wie der des Dieselmotors. Die Drehzahl wird durch einen Fliehkraftregler begrenzt.

Infolge der Querlage des Motors liegen auch Kühlanlage, Schwungrad mit Kupplung und Riemenscheibe, Bild 17 und 18 sowie Schaltgetriebe, Bild 19, quer im Fahrzeug. Der Kegeltrieb zum Ausgleichsgetriebe fällt fort. Die Zapfwelle wird von der ersten Getriebewelle über einen Kegeltrieb in besonderem Gehäuse, Bild 20, angetrieben. Die Bremstrommel für die Getriebehandbremse sitzt auf der vierten Getriebewelle.

Die Fahrbremse wirkt bei den meisten Schleppern als mechanische Innenbackenbremse auf die Triebräder, die feststellbare Handbremse als Bandbremse auf eine Getriebequerwelle, Bild 11, 19. Öldruckbremsen haben sich für Ackerschlepper noch nicht in größerem Umfang durchgesetzt. Das Gleiche gilt von der Eindruckschmierung.

In Anlehnung an amerikanische Hackschlepper ist ein Kleinschlepper als Dreirad-Schlepper mit nur einem Vorderrad ausgebildet, Bild 21. Abgesehen von seiner billigeren Herstellung kann er sich dadurch verschiedenen Spurweiten für Saatpflegearbeiten gut anpassen. Die Spurveränderung von 900—1200 mm wird durch Verschieben der Hinterräder auf der

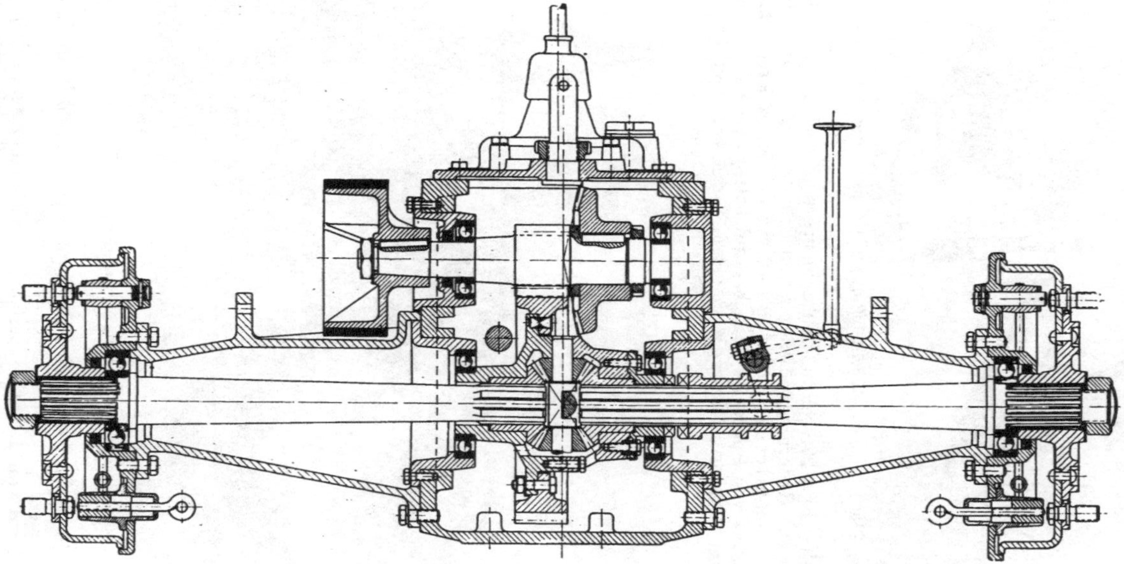

Bild 15. Kleinschlepper-Einheitstrieb, Prometheus, Querschnitt mit Differentialsperre

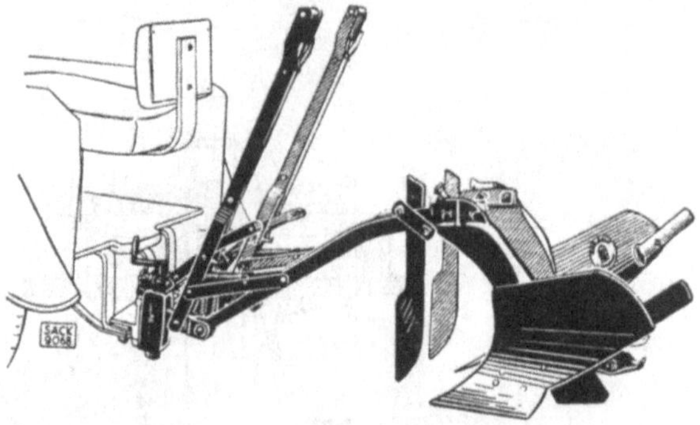

Bild 16. Anbau-Wechselpflug für Kleinschlepper, von Sack

Antriebswelle, Bild 22, bei anderen Schleppern in geringerem Maß durch Umstecken von Rädern oder Beilegen von Scheiben erzielt. Die Spurweite beträgt 1200 mm bei den kleineren bis 1400 mm bei den größeren Schleppern. Das Verhältnis von Spurweite zu Achsstand beträgt etwa 1:1,2 bis 1:1.4.

Die einheitliche Blockbauweise hat sich für Ackerschlepper bewährt,

Bild 17. Einzylinder-Glühkopf-Ackerschlepper, Bulldog von Lanz

ist für den landwirtschaftlichen Betrieb gut geeignet und bietet in der Fertigung Vorteile.

Abweichend von der Schlepperblockbauweise sind einige Schlepper als Rahmenkonstruktion ausgeführt. Diese sind zum Teil bedingt durch die Entwicklung aus dem Motorgrasmäher mit eingebautem ortsfesten Motor, zum Teil entstanden aus der Anlehnung an den Kraftwagenbau.

In Amerika hat sich die Rahmenbauart noch in größerem Umfang erhalten, Bild 23.

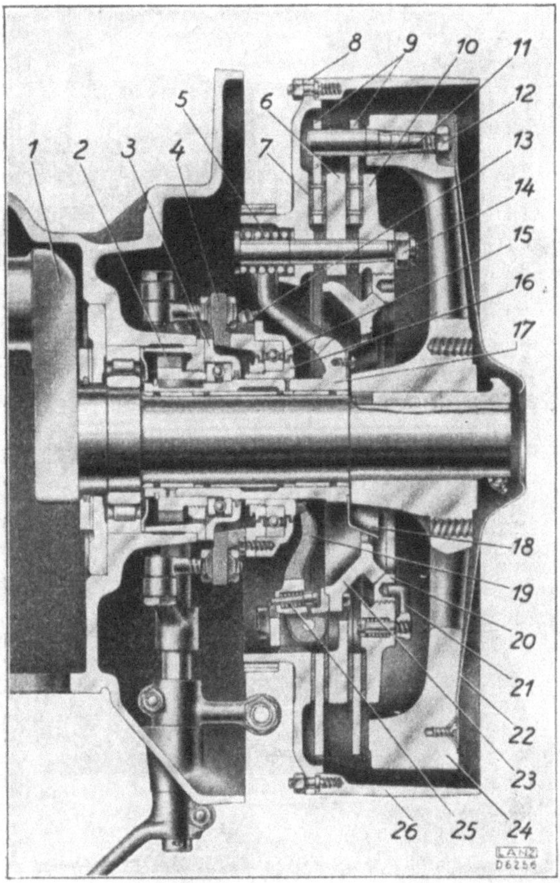

Bild 18. Schnitt durch die Kupplung des Lanz-Bulldog

1. Kurbelwelle
2. Zahnrad
3. Deckel
4. Muffe
5. Kupplungfeder
6. Kupplungsscheibe mittlere
7. Kupplungsbelag
8. Kupplungsscheibe innere
9. Mitnehmerscheiben
10. Kupplungsscheibe äußere
11. Mitnehmerbolzen
12. Mutter
13. Schmiernippel f. Gleitstück
14. Kronenmutter
15. Kugellager
16. Gleitstück
17. Armkreuz
18. Spritzring
19. Nockenhebel
20. Einstellring
21. Einschnapphebel
22. Schutzblech
23. Druckring
24. Schwungrad
25. Feder
26. Riemenscheibe

Da Hackmaschinen mit kleinen Zugkräften auskommen, können Hackschlepper mit Rücksicht auf geringe Bodeneindrückung leicht gebaut werden. Sie müssen aber eine große Bodenfreiheit und damit einen hoch liegenden Schwerpunkt haben. Hackschlepper mit hohem Schwerpunkt können wegen der Kippgefahr und wegen fehlenden Adhäsionsgewichtes als Bauernschlepper auf hängigem Gelände nicht eingesetzt werden.

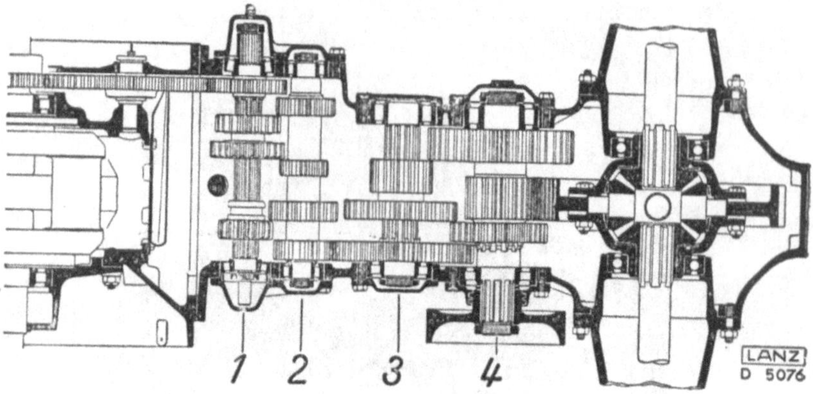

Bild 19. Schnitt durch Getriebe und Triebachse des Lanz-Bulldog-Radschleppers

Bild 20. Zapfwelle am Lanz-Bulldog

Fährt ein Schlepper quer zum Hang, so kann das kleinere Adhäsionsgewicht des bergseitigen Triebrades wegen der Wirkung des Ausgleichsgetriebes auch nur an dem höher belasteten talseitigen Triebrad nutzbar gemacht werden. Beim Pflügen läuft ein Triebrad in der Furchensohle, sodaß die Triebräder des Schleppers schon auf ebenem Acker verschieden belastet sind. Eine Sperre im Ausgleichsgetriebe kann das vorzeitige Durchrutschen eines Triebrades verhindern und die Zugkraft des Schleppers wesentlich erhöhen. Damit der Fahrer nicht vergißt, die Sperre vor einer Bogenfahrt wieder auszuschalten, wodurch Seitenwelle oder Ausgleichs-

Bild 21. 12-PS-Dreirad-Bauernschlepper von Ritscher

Bild 22. Spurverstellung der Hinterräder am Ritscher-Schlepper

Bild 23. Radschlepper in Rahmenbauweise, Mc. Cormick der J. H. C., Neuß

getriebe beschädigt werden können, ist der Sperrhebel durch Fuß- oder Handbetätigung gegen eine Feder in seiner Sperrstellung zu halten.

Je höher der Schwerpunkt des Schleppers liegt, desto geringer sind nutzbares Adhäsionsgewicht und Zugkraft bei Fahrt quer zum Hang. Wieweit in der deutschen Landwirtschaft besondere Hackschlepper benötigt werden, die wegen ihres hochliegenden Schwerpunktes nicht im Bauernbetrieb als Kleinschlepper arbeiten können, muß der Zukunft überlassen werden. Wenn der Maisbau in Deutschland den Sonderhackschlepper mit hohem Durchgang nicht erforderlich macht, wird man mit vielseitigen Kleinschleppern als Hackschlepper auskommen.

Die Triebachsen der Schlepper sind wegen der Blockbauweise ungefedert. Bei den ausgesprochenen Ackerschleppern mit Eisenrädern sind auch

Bild 24. Vorderachsverstrebung, Hanomag

die Vorderachsen ungefedert. Mit Rücksicht auf den Einsatz im Verkehr werden manche Schlepper in zwei Ausführungen mit ungefederten oder gefederten Vorderachsen, manche aber auch nur mit gefederten Vorderachsen geliefert.

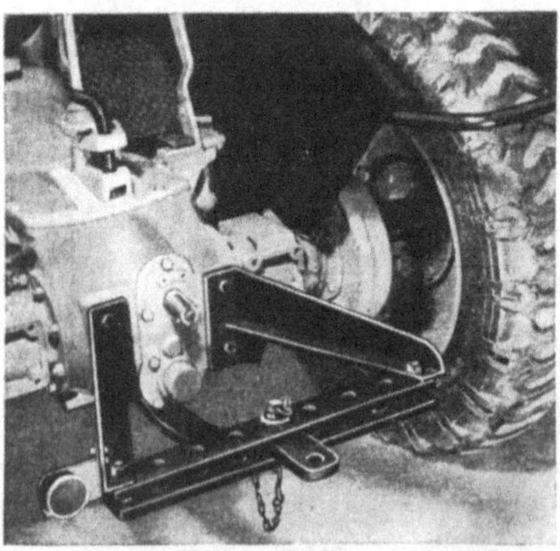

Bild 25. Ackerzugvorrichtung, Ritscher

Die Vorderachse ist in der Regel eine starre, pendelnde aufgehängte Faustachse, deren Schub durch eine Dreiecksstrebe, Bild 24, 9 und 17 über ein Kugelgelenk vom Triebwerksblock aufgenommen wird.

Die Lenkung der Vorderräder, die durch eine Spurstange verbunden sind, erfolgt wie üblich, durch das Lenkrad mit Übersetzung auf den Lenkstockhebel, von diesem über die Lenkschubstange auf den Lenkhebel eines Vorderrades. Die Übersetzung in der Lenkung wird so gewählt, daß die Lenkung fast selbsthemmend ist. Die Schlepperlenkung würde mit vollkommener Selbsthemmung zu schwer gehen. Damit möglichst wenig Stöße in die Lenkung kommen, muß das Lenkgestänge zur Auf- und Abbewegung der Vorderräder kinematisch richtig angeordnet werden. Hierzu ist zu beachten, daß die Verbindungslinie der Lenkschubstangengelenke von der Seite gesehen, Bild 9, möglichst durch das Abstützgelenk der Vorderachsschubstreben gehen soll, wenn sich das hintere Lenkschubstangengelenk nicht überhaupt mit dem Schubstrebenabstützpunkt überdecken kann. Der Wendekreishalbmesser beträgt etwa 3 bis 4,5 m, bezogen auf äußere Spur.

Bei einigen Schleppern kann die Vorderradlenkung dadurch unterstützt werden, daß das Bogen-innere Triebrad beim Wenden abgebremst wird. Hierzu muß die Fahrbremse allerdings auf jedes Triebrad einzeln wirken, was die Bremsanlage verteuert.

Alle Ackerschlepper besitzen zwei Anhängevorrichtungen, eine höherliegende für Straßenzug von angehängten Wagen, ferner für Arbeitsgeräte auf dem Acker eine tiefliegende, deren Zugrichtung dem Aufbäumen des Schleppers entgegen wirkt, Bild 17, und in die die Arbeitsgeräte frei von seitlichen Kräften so eingehängt werden, daß einseitiger Zug des Arbeits-

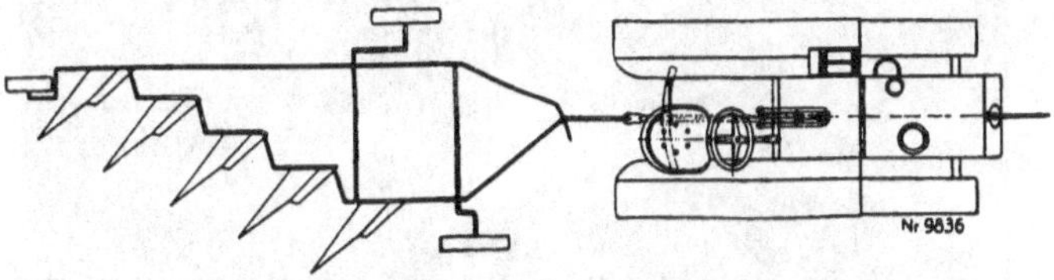

Bild 26. Anhängen des Arbeitsgerätes ohne Lenkmoment

gerätes nicht durch Gegenlenken ausgeglichen werden muß, Bild 25. Dies gilt auch für Gleiskettenschlepper, Bild 26, 37.

Die Vorderräder und Triebräder der Schlepper werden auf Kegelrollenlagern, nach außen gut abgedichtet gelagert. Ackerschlepper mit Eisenrädern werden vorn mit Spurkränzen, hinten mit Greifern, meist mit Spatengreifern, ausgerüstet, Bild 9. Zum Fahren auf der Straße werden die Spurkränze auf den Vorderrädern abgebaut und auf die Greiferräder Laufringe aufgesetzt. Der Außendurchmesser der Triebräder ist groß, damit ihr spezifischer Bodendruck und ihr Rollwiderstand klein, ihre auf dem Boden abgestützte Umfangskraft aber groß ist.

Bild 27. Luftreifen-Greiferkette, Ritscher

Das gleiche gilt von den großen Niederdruck - Schlepperluftreifen mit griffigem Profil, Bild 17, 23, deren Größen genormt sind. Die Ackerluftreifen werden auf der Straße mit 1,5—2,3 at Reifendruck, auf dem Acker mit etwa 0,8 at gefahren, da die Zugkraft der Schlepper ganz erheblich mit kleinerem Reifendruck wächst, dafür wächst allerdings bekanntlich auch die Reifenabnutzung auf der Straße mit kleinerem Reifendruck.

Wenn die Adhäsion der Ackerluftreifen nicht mehr ausreicht, kann sie durch Auflegen besonderer Greiferketten, Bild 27, oder durch Anbringen von zusätzlichen Greifern, Bild 28, erhöht werden, die aber die Reifen nicht beschädigen dürfen. Der Schlepper kann mit den Greiferketten fahren, ohne zu „stelzen“, da auf den Boden stets mehrere Greifer aufliegen, deren Mittelstegen sich das Reifenprofil anschmiegt. Auf die Hinterräder können Zusatzgewichte aufgeschraubt werden. Zur Erhöhung des Adhäsionsgewichtes kann der in Bild 21 gezeigte Schlepper mit aufgesatteltem Einachsanhänger fahren.

Bild 28. Zusatz-Klappgreifer von Deutz

Alle größeren luftbereiften Schlepper werden auch als Verkehrsschlepper mit entsprechender Bereifung, zusätzlicher elektrischer Ausrüstung, zum Teil auch mit festen Führerhäusern und mit Druckluftbremsanschluß für Anhänger geliefert. Infolge ihrer baulichen Eigenart läßt sich aber ihre Höchstgeschwindigkeit durch andere Getriebeübersetzungen mit Rücksicht auf die Straßenlage nur bis etwa 25 km/Std steigern.

7. Landwirtschaftliche Gleisketten-Schlepper.

Das Triebwerk der Gleiskettenschlepper ist in der Block-Bauweise bis auf den Antrieb der Kettenräder gleich oder ähnlich denen der Radschlepper, Bild 29.

Auch Riemenscheibe und Zapfwelle sind entsprechend angeordnet.

Gleisketten-Kraftfahrzeuge werden dadurch gelenkt, daß ihre Ketten verschieden angetrieben werden. Anstelle des gewöhnlichen Ausgleichsgetriebes eines Räderkraftfahrzeuges tritt daher das Lenkgetriebe, bei dessen

Bild 29. Gleiskettenschlepper mit Verbreiterungsplatten, Famo

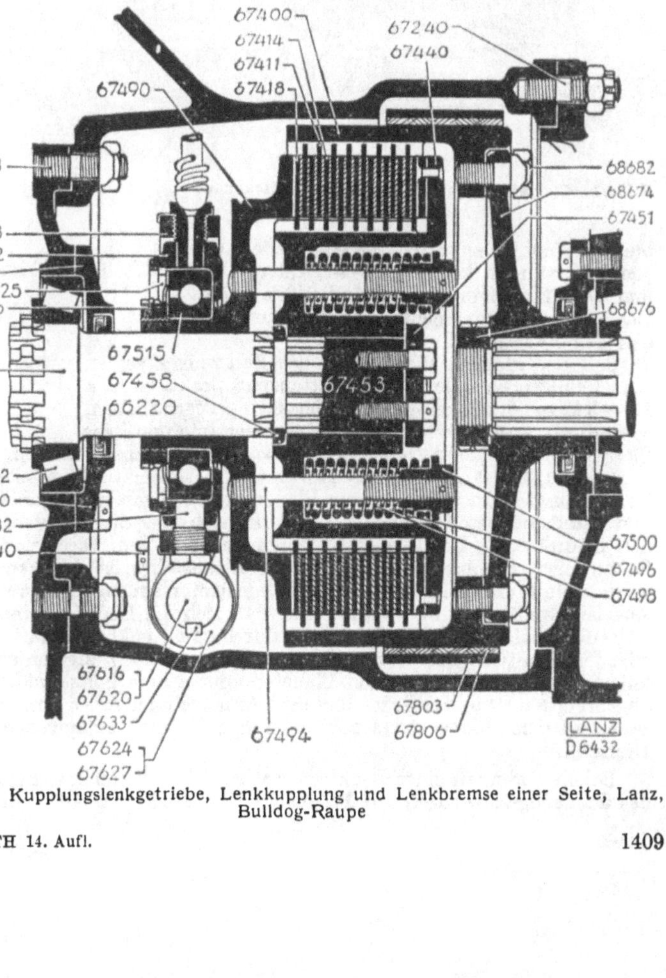

Bild 30. Kupplungslenkgetriebe, Lenkkupplung und Lenkbremse einer Seite, Lanz, Bulldog-Raupe

Betrachtung zu beachten ist, daß der Boden durch das Wenden des Kettenfahrzeuges umso mehr beschädigt wird, je kleiner der Wendekreishalbmesser ist.

Mit dem verhältnismäßig einfachen Kupplungslenkgetriebe, Bild 30, kann der Schlepper um seine Bogen-innere Gleiskette drehen. Zum Fahren großer Wendekreise genügt das Auskuppeln einer Gleiskette sodaß nur die Bogen-äußere Gleiskette den Schlepper antreibt. Für Wendekreise mit kleinen Halbmessern wird die ausgekuppelte Gleiskette zusätzlich durch ihre zugehörige Bremse abgebremst oder ganz festgebremst. Für jede Gleiskette ist eine Kupplung, die durch ihren zugehörigen Lenkknüppel ausgekuppelt wird, und eine Bremse vorhanden, die durch ihren zugehörigen Fußhebel betätigt werden kann, und die gleichzeitig als Fahrbremse oder Standbremse dient. Damit das Lenkgetriebe klein bemessen werden kann, geht der Antrieb von ihm über Seitenvorgelege auf die Triebräder. Das größte Drehmoment tritt dann erst an den Triebrädern auf.

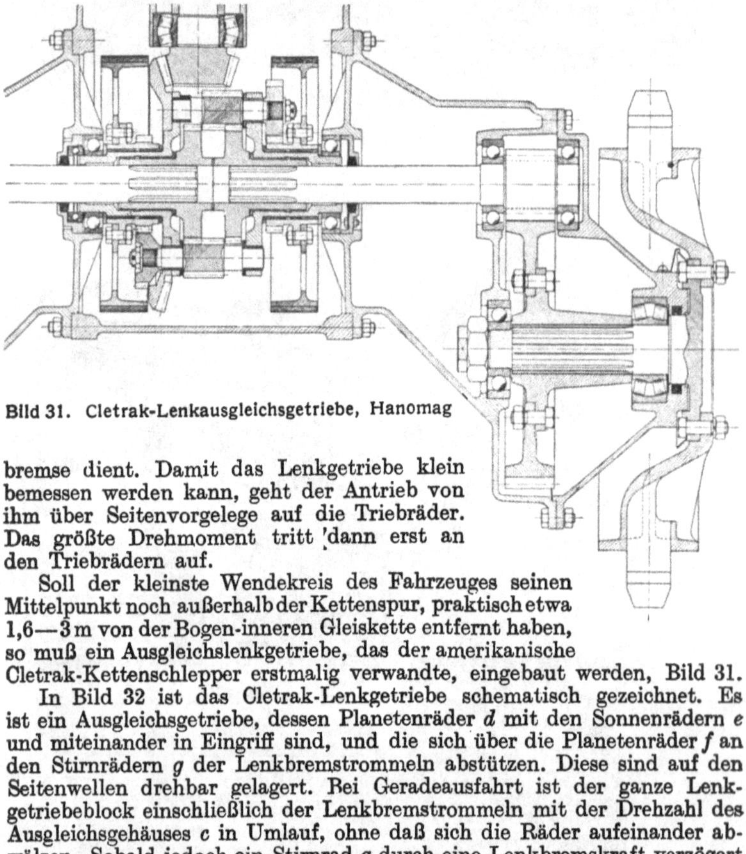

Bild 31. Cletrak-Lenkausgleichsgetriebe, Hanomag

Soll der kleinste Wendekreis des Fahrzeuges seinen Mittelpunkt noch außerhalb der Kettenspur, praktisch etwa 1,6—3 m von der Bogen-inneren Gleiskette entfernt haben, so muß ein Ausgleichslenkgetriebe, das der amerikanische Cletrak-Kettenschlepper erstmalig verwandte, eingebaut werden, Bild 31.

In Bild 32 ist das Cletrak-Lenkgetriebe schematisch gezeichnet. Es ist ein Ausgleichsgetriebe, dessen Planetenräder *d* mit den Sonnenrädern *e* und miteinander in Eingriff sind, und die sich über die Planetenräder *f* an den Stirnrädern *g* der Lenkbremstrommeln abstützen. Diese sind auf den Seitenwellen drehbar gelagert. Bei Geradeausfahrt ist der ganze Lenkgetriebeblock einschließlich der Lenkbremstrommeln mit der Drehzahl des Ausgleichsgehäuses *c* in Umlauf, ohne daß sich die Räder aufeinander abwälzen. Sobald jedoch ein Stirnrad *g* durch eine Lenkbremskraft verzögert oder festgehalten wird, wälzen sich die Planetenräder *f* auf ihm ab und erteilen durch die gleichachsigen Planetenräder *d* dem Sonnenrad *e* auf der abgebremsten Seite eine gegenüber dem Ausgleichsgehäuse *c* geringere Drehzahl und dem Sonnenrad *e* der anderen Seite eine entsprechend höhere Drehzahl.

Bei Festbremsen einer Lenktrommel wird der Wendekreishalbmesser *r* des Fahrzeuges, bezogen auf Fahrzeugmitte, durch das Übersetzungsver-

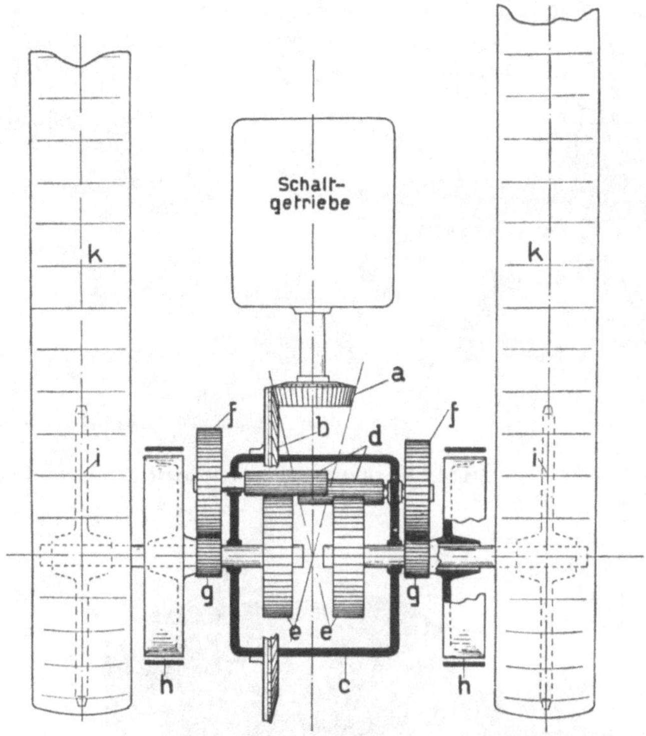

Bild 32. Lenkausgleichsgetriebe, Schema

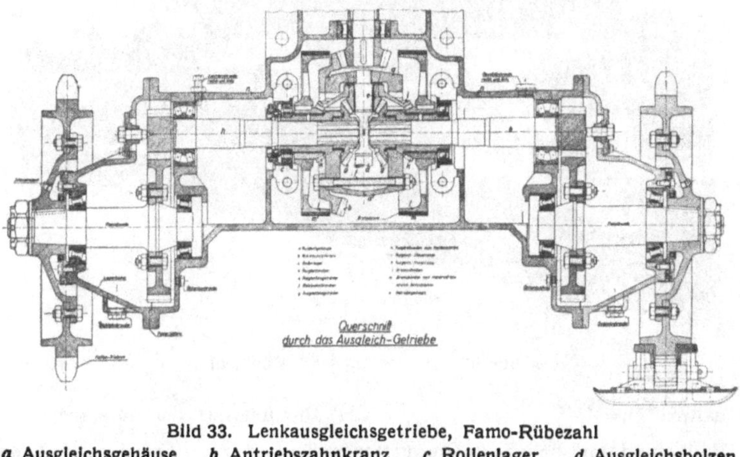

Bild 33. Lenkausgleichsgetriebe, Famo-Rübezahl

a Ausgleichsgehäuse *b* Antriebszahnkranz *c* Rollenlager *d* Ausgleichsbolzen *e* Ausgleichskegelräder *f* Gehäuseschrauben *g* Ausgleichskegelräder *h* Ausgleichswellen zum Kettenantrieb. *i* Ausgleichs-Steuerräder. *k* Ausgleichs-Steuerräder. *l* Bremsscheiben. *m* Bremsbänder vom Handrad aus einzeln festzuziehen. *n* Getriebegehäuse

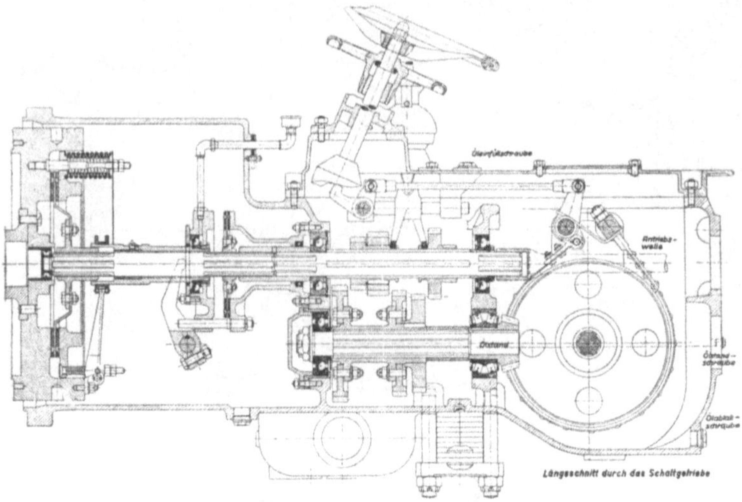

Bild 34. Schaltgetriebe, Famo-Rübezahl

Bild 35. Kettenlaufwerk, Hanomag

hältnis $\varphi = \frac{g \cdot d}{f \cdot e}$, worin g, d, f, e die Durchmesser der entsprechenden Räder sind, und durch die Gleiskettenspur a bestimmt. Es sei n_a die Drehzahl der äußeren und n_i die Drehzahl der inneren Seitenwelle. Beim Fahren auf dem kleinsten Wendekreis verhalten sich $n_i : n_a$ wie die zugehörigen Wendekreishalbmesser der inneren und äußeren Kette:

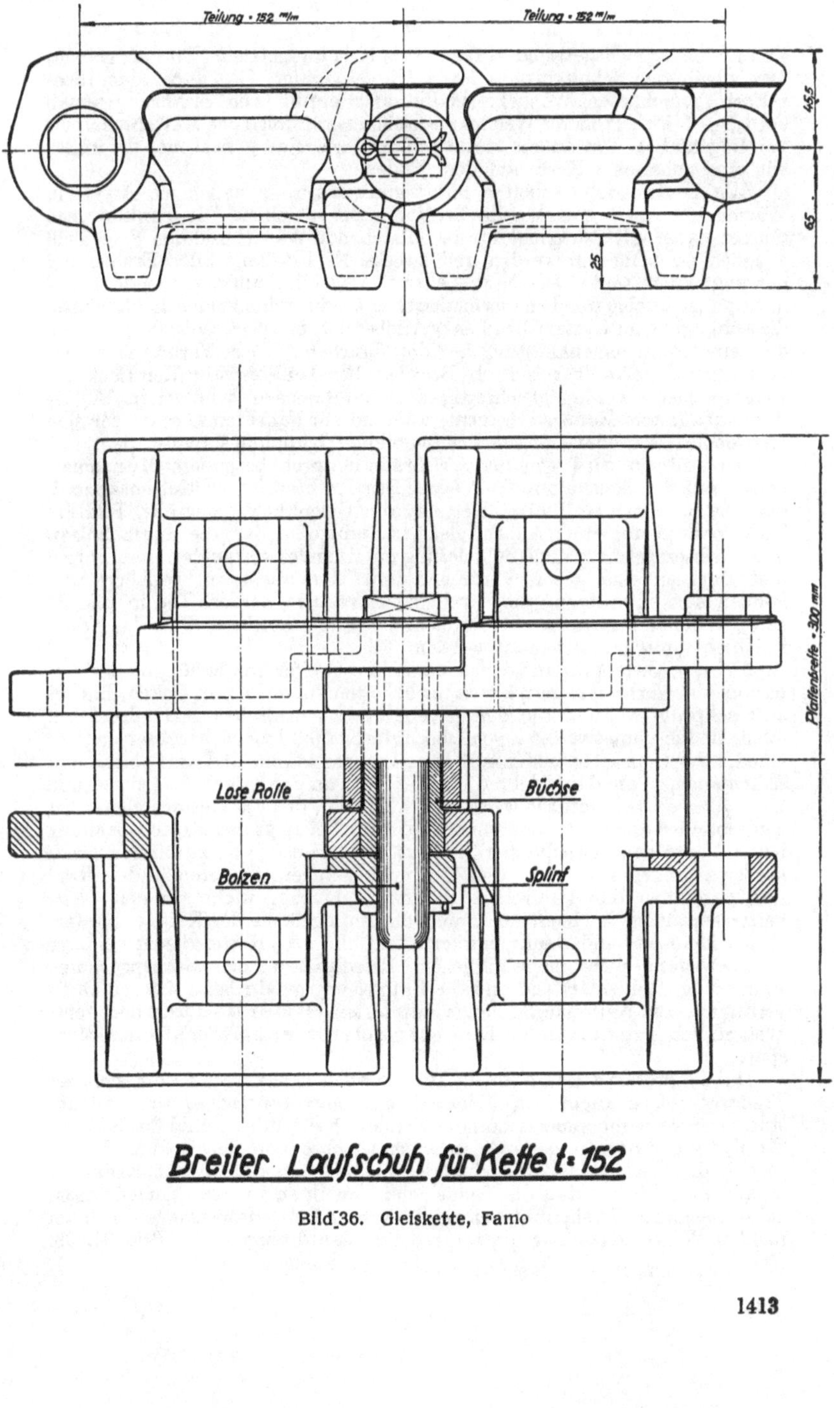

Bild 36. Gleiskette, Famo

$$\frac{n_i}{n_a} = \frac{r - \frac{a}{2}}{r + \frac{a}{2}} = \frac{1 - \varphi}{1 + \varphi}$$

Das Lenkausgleichsgetriebe wird auch als Kegelradgetriebe, Bild 33, gebaut. Das zugehörige Schaltgetriebe ist in Bild 34 gezeigt. Gegenüber dem theoretisch berechneten Wendekreishalbmesser ergibt sich erfahrungsgemäß ein 1,5 ÷ 2-fach größerer Wendekreishalbmesser infolge des Kettenschlupfes bei Bogenfahrt. Die äußere Kette schlüpft wie eine getriebene, die innere wie eine gebremste Kette auf dem Boden.

Alle Lenkgetriebe arbeiten mit Lenkbremsen, in denen sie Arbeit in Wärme umsetzen, solange die Lenkbremsen schleifen. Die Lenkbremsen müssen daher mit Rücksicht auf die entstehende Wärme und den Verschleiß ausreichend bemessen werden und zwecks Nachstellung oder Erneuerung gut zugänglich sein. Die beim Lenken tatsächlich aufzuwendende Lenkleistung ist infolge der Lenkverlustleistung an der schleifenden Lenkbremse, die abhängig vom System des Lenkgetriebes ist, meist wesentlich größer als die reine Fahrzeuglenkleistung auf der Fahrbahn. Diese Verhältnisse sind eingehend dargestellt von Prof. Beck[1]). Die Lenkbremsen der Lenkausgleichsgetriebe werden gleichzeitig als Standbremsen benutzt, in Bild 34 durch das untere Handrad bedient, während zur Fahrbremse entweder eine Getriebebremse, oder eine stark ausgebildete Kupplungsbremse dient.

Der Antrieb wird von den Triebrädern durch besondere Mitnehmerorgane auf die Gleisketten übertragen. Das Triebrad ist ein Kettenzahnrad, das wie bei einer Gall'schen Kette in die Gelenkkette eingreift, Bild 35. Diese besteht aus einer Anzahl gleicher Stahlgußgieder, die durch Bolzen und Büchsen gelenkig ohne Schmierung miteinander verbunden sind. Bolzen und Büchsen sind gegen Verdrehen und Herausschieben gesichert und können nach Abnutzung umgedreht oder erneuert werden. Die in Bild 36 gezeigte Kette besitzt lose Triebrollen, die durch den Eingriff in das Triebrad nicht einseitig abgenutzt werden.

Auf die Kettenglieder können besondere Greifer zur Erhöhung der Adhäsion oder Verbreiterungsplatten für Arbeiten auf moorigem Boden, Bild 29 aufgeschraubt werden, die den gewöhnlichen spezifischen Bodendruck auf losem Boden von etwa 0,5 kg/cm² bis auf etwa 0,3 kg/cm² herabsetzen. Die Glieder der Gleiskette bilden mit ihrer Innenseite eine endlose Schiene und Zahnstange, in die das Triebrad eingreift und an der Triebrad, Leitrad und Laufrollen seitlich geführt werden. Das Leitrad, das die Kette umlenkt, ist zum Spannen der Kette verstellbar und kann bei zu großer Kettenspannung federnd oder nach Bruch einer Sicherung nachgeben, wenn größere Fremdkörper zwischen Gleiskette und Triebrad gelangen. Triebrad und Leitrad sind gegenüber den Laufrollen, die das Fahrzeuggewicht auf den Gleisketten abstützen, hochgezogen, damit die Auflagelänge der Kette auf festem Boden klein ist, und damit vorderste und hinterste Kettenglieder bei ihrer Drehbewegung nicht mehr aufliegen. Hierdurch werden Beanspruchung, Abnutzung, Rollwiderstand und die Entgleisungsgefahr beim Kurvenfahren verringert. Die Kettenauflagelänge auf festem Boden ist durch den Achsabstand von erster bis letzter Laufrolle gegeben. Sie ist größer als die Kettenspur.

Die Laufrollen sind an einem Rollenwagen gelagert, auf dem sich der Triebwerksblock dicht am Triebrad um eine Stützachse drehbar abstützt und vorn mit einer federnden Pendelachse aufliegt, Bild 35, 38. Die Verbindung zwischen der vorderen Pendelachse und den beiden Rollenwagen, die stets parallel zu einander bleiben müssen, ist mit Rücksicht darauf auszubilden, daß die Pendelachse um ihren in der Fahrzeuglängsachse liegenden Drehpunkt schwingt, während der Rollenwagen sich im rechten Winkel dazu nur um seine Stützachse drehen kann, Bild 37, 38.

[1]) Beck, ATZ, 15. Heft, 1939, Jahrg. 42.

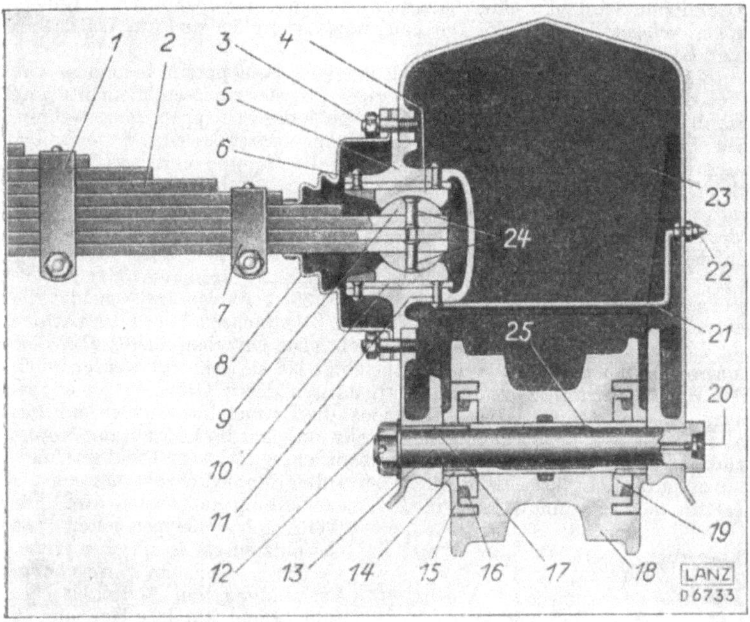

Bild 37. Vorderfederachs-Lagerung Lanz, Bulldog-Raupe

Bild 38. Vorderansicht des Kettenschleppers Boxer der Famo, von unten

In Bild 38 sind die seitlichen Führungsschienen gut zu erkennen. Das obere Kettentrum wird von einer Tragrolle getragen, die ebenfalls am Rollenwagen gelagert ist, Bild 35. Die Lauf- und Tragrollen sind auf Wälzlagern oder Gleitlagern gelagert, Bild 37.

Bei der Gestaltung von geländegängigen Schleppern, besonders von Gleiskettenschleppern ist die schwierige Aufgabe zu lösen, Schmutz und Staub die Einwirkung auf die bewegten Teile des Schleppers zu verwehren. Alle Lagerstellen des Laufwerkes sind daher spritzwasser- und staubdicht auszuführen. Die staubige Ansaugluft für die Motoren muß sorgfältig gefiltert werden. Hierzu werden z. T. noch ölbenetzte Filterpatronen verwendet, die nach einigen Betriebsstunden ausgewaschen und wieder mit feinem Öl benetzt werden. In neuerdings verwendeten Ölbad-Luftwirbel-Filtern wird die Luft schon beim Durchgang durch die Ölvorlage, durch die sie infolge ihrer tangentialen Einströmung, oder mittels besonderer Leitbleche hindurchwirbelt Bild 39, gereinigt und scheidet die letzten Staubteilchen mit den mitgerissenen Öltröpfchen an der Filterpatrone ab, die dadurch stets frisch benetzt bleibt. Die Ölvorlage bleibt über eine längere Betriebszeit hinaus gebrauchsfähig, bis sie erneuert werden muß. Die Herstellerfirmen von Ölbadfiltern müssen deren Größe für einen bestimmten Motor genau bemessen, da sonst die Luftgeschwindigkeit im Filter falsch sein kann. Bei zu kleiner Luftgeschwindigkeit im Leerlauf des Motors würde die Luft wegen fehlender Öldurchwirbelung nicht genügend gereinigt, bei zu großer Luftgeschwindigkeit bei voller Motordrehzahl besteht die Gefahr, daß verschmutztes Öl in die Ansaugleitung mitgerissen wird. Für Wehrmachtsschlepper gelten diese Gesichtspunkte in gleicher Weise.

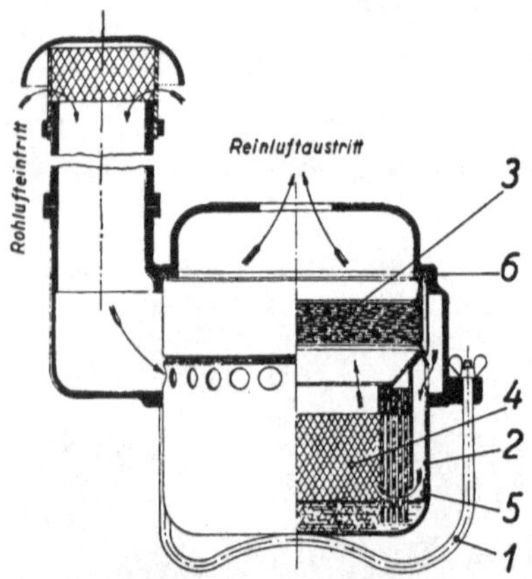

Bild 39. Luftfilter, Delbag
1 Spannvorrichtung. 2 Ölbehälter. 3 Filterpatrone. 7 Vorfiltereinsatz. 5 Ölstandmarke. 6 Dichtung

Durch geeignete Formgebung, Verwendung von Abdeckblechen, Bild 29 und ähnliche Maßnahmen muß die Verschmutzung des Laufwerkes mit Rücksicht auf mechanischen Wirkungsgrad und Abnutzung möglichst vermieden werden.

Die Erprobung neu entwickelter Schlepper kann in dieser Hinsicht nicht eingehend genug sein, da sich je nach Bodenart und Zustand (trockener Sand, nasser Lehm) ganz verschiedene Verhältnisse ergeben.

In den letzten zehn Jahren hat der Gleiskettenackerschlepperbau, gemessen an der Entwicklung der Ackerradschlepper und der Heeresgleiskettenschlepper, keinen nennenswerten Fortschritt zu verzeichnen. Aus der Entwicklung von Gleiskettenschleppern für Zwecke der Wehrmacht werden sich in den nächsten Jahren manche Erfahrungen auf den Bau landwirtschaftlicher Gleiskettenschlepper übertragen lassen, wie unter 8. angedeutet wird.

8. Wehrmachtsschlepper.

Schlepper für Wehrmachtszwecke haben die Aufgabe, ihre Anhängelasten auf der Straße mit der Geschwindigkeit von Lastkraftwagen zu fahren, im Gelände betriebssicher zu ziehen und das erforderliche Zubehör mit der Bedienung selbst zu tragen. Bei der Lösung einer solchen Aufgabe liegt es nahe, auf für andere Zwecke vorhandene Fahrzeuge zurückzugreifen, wobei auf das Höchstmaß von Geländegängigkeit oder Fahrgeschwindigkeit ver-

Bild 40. Italienischer Heeresschlepper, Pavesi

Bild 41. Französischer schwerer Artilleriezugwagen, Renault

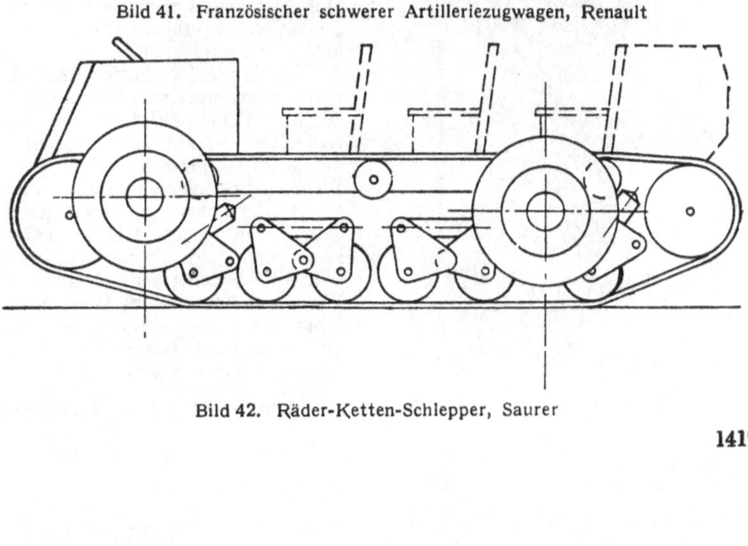

Bild 42. Räder-Ketten-Schlepper, Saurer

Bild 43. Leichter französischer Halbkettenschlepper, Citroën

zichtet werden muß. So ist der italienische Heeresschlepper, Bild 40, ein Vierrad-angetriebener Schlepper, der gleichzeitig als landwirtschaftlicher Schlepper verwendet wird[1]). Ein französischer schwerer Artilleriezugwagen, Bild 41, ist aus dem Fahrgestell eines Kampfwagens hervorgegangen. Auch landwirtschaftliche Gleiskettenschlepper, die man zur Erhöhung ihrer Marschgeschwindigkeit mit ihrem Geschütz auf Lastkraftwagen verladet, werden von einigen Heeren verwendet. Bei der Entwicklung von Wehrmachtsgerät ist zu beachten, daß ein Gerät, das verschiedenen Zwecken dienen soll, für einen bestimmten Zweck weniger gut geeignet ist als ein Sondergerät. Die vom geländegängigen Heeresschlepper verlangte hohe Straßenfahrgeschwindigkeit macht daher ein Sondergerät erforderlich.

Nach den unter Kapitel 3 dieses Abschnittes, Laufwerk, angestellten Überlegungen kommt als Fahrzeug mit großer Geländegängigkeit nur ein Gleiskettenfahrzeug in Betracht[1]). Um die verlangte hohe Straßenfahrgeschwindigkeit zu erzielen, kann man unter Verzicht auf einen Teil der Nutzlast das Räderlaufwerk mit dem Kettenlaufwerk abschaltbar verbinden. Bei dem in Bild 42 gezeigten Fahrzeug ist die Welle für das Hubwerk, das die Räder gegenüber dem Kettenlaufwerk durch einen Kurbeltrieb hebt oder senkt, gleichzeitig als Drehstabfeder für die Räder verwendet. Mit Rücksicht auf geringes Gewicht des Doppelantriebes ist im Gelände eine große Geschwindigkeit auf den Gleisketten nicht möglich.

Ein durch Gleisketten angetriebenes Fahrzeug, das mit Lastwagengeschwindigkeit auf der Straße fahren kann, ist am besten geeignet, die Aufgaben eines geländegängigen Wehrmachtsschleppers zu erfüllen. Wegen der hohen Fahrgeschwindigkeit ist die übliche Gleiskettenlenkung nicht genügend feinfühlig. Um betriebssicher schnell fahren zu können, müssen solche Gleiskettenfahrzeuge unter Verzicht auf das Höchstmaß an Grabenüberschreitfähigkeit mit Vorderrädern wie ge-

[1]) Kniepkamp, V. VDI. Bd. 80, 1936, Nr. 7.

wöhnliche Lastkraftwagen gelenkt werden. Bild 43 zeigt ein Fahrzeug[1]), bei dem die Gleiskette ein mit Gummiklötzen bewehrtes Gummi-Gewebeband ist. Derartige Ketten eignen sich nur für leichte Fahrzeuge mit geringer Zugkraft und haben keine sehr große Lebensdauer.

Die deutsche Wehrmacht hat „Zugkraftwagen" mit Vorderrädern und schnelläufigen Stahlketten entwickelt, Bild 44, deren Lenkung von einem bestimmten Ausschlag der Vorderräder ab selbsttätig über das Ausgleichsgetriebe auf die Gleisketten wirkt. Mit Rücksicht auf die Nutzlast, die das Fahrzeug tragen soll, muß dieses so leicht wie möglich gestaltet werden.

Das Gewicht der Zugkraftwagen mit Mannschaftsaufbau ist ihren Anhängelasten so angepaßt, daß sich für den Lastzug in losem Sand noch eine Steigfähigkeit von mindestens 12° ergibt. Die Höchstgeschwindigkeit des Lastzuges auf ebener Straße beträgt etwa 50 km/std. In ihrem inneren Aufbau und ihren Bedienungsteilen sind die Zugkraftwagen gewöhnlichen Lastkraftwagen ähnlich. Sie weichen daher in Leistung, Gewicht, Geschwindigkeit und Bauart stark von landwirtschaftlichen Ackerschleppern ab. Ein geschweißter Rahmen verbindet Triebwerk und Laufwerk. Wegen leichten Gewichtes werden Vergasermotoren zum Antrieb verwendet, die mit Schnapper-Magnetzündung, Lichtmaschine, elektrischem Anlasser und Bremsdruckluftpresser ausgerüstet sind. Die Motoren sind, wie üblich, mit angeflanschter Kupplung elastisch im Rahmen aufgehängt und treiben über eine Gelenkwelle auf das Viergang-Schaltgetriebe. Dieses ist mit einem Untersetzungsgetriebe für Geländefahrt und dem Lenkgetriebe zu einem Block vereinigt, der sich um die Achse seiner Seitenabtriebswellen in Gummi gelagert bewegen kann. Die Seitenabtriebswellen des Lenkgetriebes sind daher starr und treiben die Triebräder über Endvorgelege an. Vom Untersetzungsgetriebe aus wird ferner eine starke Seilwinde angetrieben, mit deren Seil das Fahrzeug ziehen kann, ohne selbst fahren zu müssen. Die Fahrbremsen werden durch Druckluft betätigt und wirken als Innenbackenbremsen auf die Triebräder. Druckluftanschluß für Anhängerbremse ist vorhanden.

Mit Rücksicht auf die verlangte hohe Fahrgeschwindigkeit des Gleiskettenlaufwerkes hat sich dieses stark abweichend vom Laufwerk des Ackerschleppers entwickelt.

Die Erhöhung der Fahrgeschwindigkeit[1]) hat für das Laufwerk zur Voraussetzung

1. geringe Reibungsverluste,
2. große Lebensdauer,
3. gute Federung.

Infolgedessen besteht die Gleiskette aus einzelnen Stahlgußgliedern, die durch Bolzen verbunden sind und sich in geschmierten, nach außen abgedichteten Lagern gegeneinander verdrehen können. Die Kettenglieder besitzen gehärtete Zähne, die zwischen gehärteten Führungsringen in Trieb-, Lauf- und Leiträdern zur seitlichen Führung der Fahrzeuges laufen und die in die Antriebsrollen der Triebräder eingreifen. Durch Gummipolster auf den Gleisketten wird bessere Federung und größere Griffigkeit auf glatter Straße erzielt. Trieb-, Lauf- und Leiträder sind mit Gummibandagen ausgerüstet, die bei hoher Geschwindigkeit den ruhigen Lauf der Gleiskette ermöglichen. Die zulässige spezifische Belastung der Gummibandagen und Gummipolster darf mit Rücksicht auf die hohe Geschwindigkeit nicht überschritten werden. Wie bei Gleisketten-Ackerschleppern stützt sich das Fahrzeuggewicht gewöhnlich nur durch die Laufräder auf den Gleisketten ab. Trieb- und Leiträder laufen also nicht auf dem Boden, damit die Gleiskette nicht zu lang auf der Straße aufliegt, und damit sich die Gummipolster beim Auflaufen und Abheben von der Fahrbahn nicht abnutzen.

Die Laufräder, Stahlscheibenräder, überschneiden sich und tragen abwechselnd innen und außen, damit die Stützabstände klein sind. Sie sind über Kurbelachsen gegen den Rahmen abgefedert. Wegen des großen Durchmessers der Laufräder, deren Rollwiderstand gering ist, sind besondere Stütz-

[1]) s. Anm. auf S. 1418.

rollen für das obere Kettentrum nicht erforderlich. Alle Räder sind auf Wälzlagern gelagert.

Jedes Leitrad ist zur Spannung der Gleiskette um eine Kurbelachse schwenkbar und wird in der gespannten Lage, die durch eine Schraubspindel eingestellt wird, mit einer Bruchsicherung gehalten. Bei zu großer Kettenspannung reißt der Scherbolzen der Bruchsicherung, damit die Kette geschont wird.

Besonders zu beachten ist der richtige Eingriff der Kettenzähne in die

Bild 44. Zugkraftwagen der deutschen Wehrmacht

Bild 45. Zugkraftwagen mit Schneekufen

Triebrollen der Triebräder. Dadurch, daß sich die Triebräder vorne befinden, bleibt der Ketteneingriff in das Triebrad bei Vorwärts-Fahrt frei von Fremdkörpern, weil diese aus dem oberen Kettentrum herausfallen. Die Anordnung hat den großen Vorteil, daß die Eingriffsverluste und die Abnutzung der ineinander eingreifenden Teile gering sind, und daß die Eingriffsverhältnisse sich nicht durch Abnutzung sehr schnell verschlechtern. Diesem ausschlaggebenden Vorteil steht als Nachteil entgegen, daß oberes und unteres Kettentrum die volle Kettenzugkraft aufnehmen müssen. Das Leitrad muß daher den doppelten Kettenzug aushalten und entsprechend steif mit dem Fahrzeugrahmen verbunden sein. Ferner führt jedes Kettenglied drei von den vier Knickbewegungen je Kettenumlauf unter voller Lagerbelastung durch die Kettenzuglast aus. Bei der geschmierten Gleiskette spielt das jedoch keine Rolle.

Es ist anzunehmen, daß sich in den nächsten Jahren auch bei Ackergleiskettenschleppern einige dieser vorteilhaften Baugrundsätze unter entsprechender Vereinfachung verwenden lassen.

Die Vorderachse der Zugkraftwagen, die die luftbereiften Vorderräder trägt, ist eine pendelnd aufgehängte abgefederte starre Faustachse, deren Schub durch eine Dreiecksverstrebung in den Rahmen geleitet wird. Achsverstrebung und Lenkung sind nach den gleichen Gesichtspunkten gebaut wie bei Acker-Radschleppern. Die Vorderachse trägt für gewöhnlich nur etwa 12 bis 15% des Fahrzeuggewichtes. Bei Fahrten über eine Geländekuppe muß jedoch die Vorderachse, deren größter Ausschlag dann durch Anschläge begrenzt wird, eine wesentlich höhere Belastung aushalten.

Für Fahrten im tiefen Schnee werden die Vorderräder mit Gleitkufen ausgerüstet, damit ihre Lenkfähigkeit erhalten bleibt, Bild 45. Trieb-, Leit- und Laufräder müssen so gestaltet sein, daß sich Lehm oder Schnee nicht da festsetzt, wo die Zähne der Gleisketten laufen.

9. Bodenfräsen

Das Prinzip der Bodenfräse hat den großen Vorteil, daß das Saatbeet in einem Arbeitsgang fertiggestellt wird, Bild 46, und gegenüber dem Pflügen keine weitere Nacharbeiten, wie Eggen, Grubern, Walzen und anderes notwendig macht. Trotzdem haben sich Bodenfräsen größerer Leistung deshalb nicht durchgesetzt, weil sie nicht genügend vielseitig verwendbar sind.

Für Gartenbau- und Weinbaubetriebe dagegen sind Kleinfräsen von 4—8 PS zu einem wertvollen Gerät geworden, das die Motorisierung in Kleinstbetriebe hineinbringt und das auch als Kleinschlepper verwendet werden kann.

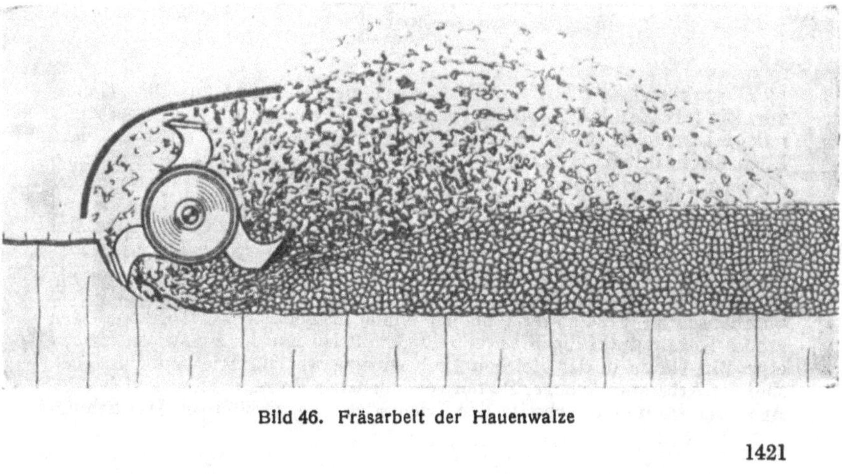

Bild 46. Fräsarbeit der Hauenwalze

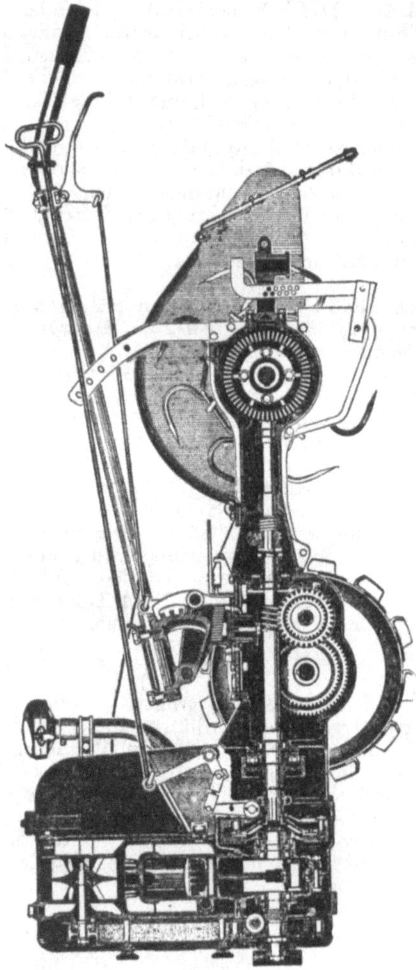

Bild 47. Kleinfräse Siemens-Bungartz

Die rahmenlose Blockbauweise einer Bodenfräse geht aus Bild 47 hervor. Ein luftgekühlter Zweitakt-Vergasermotor von 5,5 PS treibt mit seiner rollengelagerten Hirth-Kurbelwelle Schwungscheibe und Kupplung mit einer Höchstdrehzahl von etwa 1500U/min an. Der Motor wird mit einem Riemen an einer Anwurfscheibe angelassen. Die abkuppelbare Antriebswelle, die eine zusätzliche Schwungscheibe trägt, geht längs durch die Bodenfräse und treibt das Laufwerk über einen Schneckentrieb mit großer Übersetzung und ein Zwei-Gang-Schubräder-Schaltgetriebe an, Bild 48. Die Arbeitsgeschwindigkeit beträgt im ersten Gang etwa 1 km/std, im zweiten Gang etwa 2,7 km/std. Mit einer schaltbaren Klauenkupplung wird die Antriebswelle im angeflanschten Frässchwanz bis zu einem Kegeltrieb verlängert, dessen großes Kegelrad auf die Fräswelle aufgekeilt ist. An der Fräswelle, die mit etwa 210 U/min in der gleichen Drehrichtung wie die Triebräder umläuft, sind die Arbeitswerkzeuge, Haken verschiedener Form, federnd angebracht. Arbeitsbreite und Spurbreite der Triebräder sind verstellbar. Das Schutz-

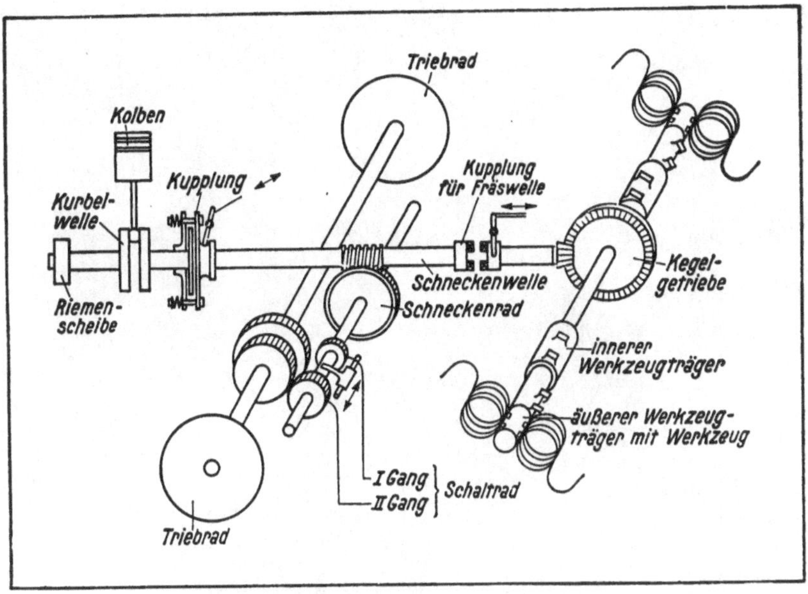

Bild 48. Triebwerk der Kleinfräse, Siemens-Bungartz

Bild 49. Kleinfräse als Schlepper, Gebr. Holder

dach über der Fräswelle läßt die hochgeschleuderte Erde locker auf den bearbeiteten Erdstreifen niederfallen. Die Arbeitstiefe wird durch ein gleitendes Mittelschar eingestellt, das die Schräglage des ganzen Gerätes bestimmt.

Die Bodenfräse wird durch den seitlich hinter ihr oder vor ihr gehenden Bedienungsmann an Lenkholmen gelenkt, an denen Verstellhebel für Seiten- und Höhenlage der Holme sowie Kraftstoff- und Kupplungshandhebel angebracht sind. Bodenfräsen lassen sich auch zum Pflügen, Schleppen von Anhängelasten, Mähen, Bild 49, oder Obstbaumspritzen sowie zu ortsfestem Antrieb benutzen. Für einen Teil dieser Arbeiten werden ein oder zwei Stützräder angebaut. Zur Straßenfahrt können die Triebräder mit besonderen Laufringen ähnlich wie Radschlepper ausgerüstet werden.

FSC
www.fsc.org
MIX
Papier | Fördert gute Waldnutzung
FSC® C083411

Zeitfracht Medien GmbH
Ferdinand-Jühlke-Straße 7
99095 Erfurt, Deutschland
produktsicherheit@kolibri360.de